U0359070

地方志災異資料叢刊

第二編

25

于春媚 賈貴榮 編

國家圖書館出版社

第二十五冊目録

（清）馮煦修　（清）魏家驊等纂　（清）張德霈續纂

【光緒】鳳陽府志

清光緒三十四年（1908）活字本

紀事表上

[illegible]子曰不行先王之政不可法於後世春秋傳曰天生五材民竝用之誰能去兵鴻範五行之論則又有休咎之徵蓋自古有國興衰治亂備見於斯後世當引爲龜鑑鳳陽舊典上溯夏王下訖於今時政之得失寓焉兵事之終始備焉寒暑之災祥應焉网羅傳志悉著於篇俾有條不紊云

夏	時政	兵事	祥異

帝禹

娶於塗山辛壬癸甲

啟呱呱而泣予弗子

惟荒度土功尚書皐陶謨

帝禹五

巡狩會諸侯於塗山

禹理淮水水

功不能興禹

怒召集百靈

授命九馗乃

獲淮渦水神

名無支祁授

之庚辰遂頸

鎖大鏁鼻穿

金鈴徙淮之

陰龜山之足

年

執玉帛者萬國左傳 竹書 紀年

淮水乃安流注於海施注蘇詩引古岳瀆經

禹集諸侯於塗山之夕忽大風雷震中有甲兵及卒一千餘人至禹所云海神來朝二儀實錄

周	時政	兵事	祥異
穆王三十九年	會諸侯於塗山竹書紀年 案左傳穆有塗山之會杜預注塗山在壽春東北		
平王五十年魯隱公二年		夏五月莒人入向春秋 莒子娶于向向姜不安莒而歸夏莒人入向以姜氏還左傳杜預注向小國譙國龍亢縣東南有向城	

桓王二十三年魯桓公十五年

冬十有一月公會齊侯宋公衛侯陳侯于侈伐鄭公羊春秋案侈左穀作袲今宿州西北九十里

襄王三十年魯文公五年

秋楚人滅六春秋六人叛楚卽東夷秋楚成大心仲歸帥師滅六左傳

定王二年

春王正月公及齊侯平莒及郯莒人不肯

魯宣公四年

公伐莒取向春秋

簡王二年

魯成公七年

秋八月吳入州來春秋

簡王十年

魯成公十五年

冬十有一月叔孫僑如會晉士燮齊高無咎宋華元衛孫林父鄭公子鰌邾人會吳

于鍾離春秋

靈王十三年魯襄公十四年

春王正月季孫宿叔老會晉士匄齊人宋人衛人鄭公孫蠆曹人莒人邾人滕人薛人杞人小邾人會吳于向左傳

景王七年魯昭公四年

冬楚箴尹宜咎城鍾離薳啟彊城巢然丹城州來左傳

秋七月楚子蔡侯陳侯許男頓子胡子沈子淮夷伐吳執齊慶

年

封殺之春秋案穀梁傳云慶封封

平吳鍾離

景公十六年　魯昭公十三年

冬十月吳滅州來春秋

景王二十二年　魯昭公十九年

楚人城州來左傳

敬王元年

魯昭公二十三年

秋吳人伐州來楚薳越帥師及諸侯之師救州來吳人禦諸鍾離戊辰晦吳敗頓胡沈蔡陳許之師于雞父春秋左傳案雞父在今壽州西南

敬王二年

魯昭公二十四年

冬楚子爲舟師以略吳疆沈尹戌曰此行也楚必亡邑不撫民而勞之吳不動而速

之吳踵楚而疆場無備邑能無亡乎王及圉陽而還吳人踵楚而邊人不備遂滅巢及鍾離而還左傳

敬王三年

楚子使薳射城州屈復茄人焉左傳 江南通志引地名考州屈在鳳陽縣西茄其近淮小邑

敬王五年 魯昭公二十五年

吳公子掩餘公子燭

年

魯昭公二十七年

敬王九年

魯昭公三

庸帥師圍潛楚莠尹然工尹麇帥師救潛沈尹戌帥都君子與王馬之屬以濟師與吳師遇于窮令尹子常以舟師及沙汭而還左傳　案沙汭今懷遠縣境

闔廬四年伐楚取六與灊史記吳世家

年	事
十二年	
敬王二十七年 魯哀公二年	冬十一月蔡遷于州來 春秋
顯王二十三年 齊宣王七年	齊宣王與魏會平阿南 史記六國表 案平阿南今懷遠縣境

秦 | 時政 | 兵事 | 祥異

始皇六年 楚東徙都壽春 史記楚世家

楚考烈王二十二年

十三年 秦將王翦破楚軍于蘄殺將軍項燕 史記楚世家 案蘄今宿州境

始皇二 置楚郡 通鑑 案楚郡今壽州

十四年

二世元年

秋七月發閭左適戍漁陽九百人屯大澤鄉史記陳涉世家徐廣曰大澤鄉在沛郡蘄縣案今宿州境陳勝自立為將軍吳廣為都尉攻大澤鄉收而攻蘄蘄下乃令符離人葛嬰將兵徇蘄以東攻銍酇苦柘

	漢時政	兵事	祥異
		讖皆下之史記陳涉世家 案苻離銍今宿州境	
高祖元年		項羽立黥布為九江王都六史記高祖本紀正義故六城在壽州安豐縣西南百三十三里	
高祖二年		三月項羽與漢大戰彭城靈壁東正義在苻離縣西北九十里睢水上大破	

高祖三年

高祖四年 七月立黥布爲淮南王 史記高祖本紀黥布傳

高祖九年

漢軍多殺士卒睢水爲之不流 史記高祖本紀

隨何使淮南令之發兵倍楚 史記黥布傳

告韓信彭越并力擊楚韓信乃從齊往劉賈軍從壽春並行屠城父至垓下 今靈璧境大

司馬周殷叛楚以舒屠六隨劉賈彭越皆會垓下史記項羽本紀十二月項羽兵大敗使騎將灌嬰追殺項羽東城史記高祖本紀樊酈滕灌列傳索東城今定遠縣東南

高祖十二年	十月立子長為淮南王王黥布故地凡四郡史記淮南衡山列傳	秋七月淮南王黥布反高祖自往擊之史記高祖本紀

高祖十二年

高祖擊布兵會甀布走令別將追之史記高祖本紀集解會甀在蘄縣西案今宿州境曹參以齊向國從悼惠王將兵車騎十二萬人與高祖會擊黥布軍大破之南至蘄還定竹邑相史記曹相國世家　案蘄竹邑相皆宿州境

孝文帝

六月淮南王

二年

都壽春大風毀民室殺人 漢書五行志

孝景帝

三年

吳楚七國反吳使者至淮南淮南王欲發兵應之其相曰大王必欲發兵應吳臣願爲將王乃屬相兵淮南相已將兵因城守不聽王而爲漢漢亦

孝武帝元狩元年

冬十月淮南王安與賓客左吳等日夜謀反上使宗正以符節治安未至安自剄史記漢書列傳朱子綱目

使曲成侯將兵救淮南淮南以故得完史記淮南衡山列傳

孝宣帝元康四

西羌反發沛郡材官詣金城漢書宣帝紀案沛郡今

年

孝元帝永光五年

孝成帝河平二年

宿州西北其屬縣如相銍蘄皆是

夏及秋大水潁州淮南雨壞鄉聚民舍水流殺人漢書五行志

正月沛縣鐵官冶鐵鐵不下隆隆如雷聲工者驚走

聲止地陷數尺鑪中消鐵散如流星漢書五行志

後漢

時政

兵事

祥異

更始二年

世祖建武四年

秋八月帝幸壽春後漢書光武紀九月徵侯霸會

李憲自立爲淮南王後漢書光武紀李賢注淮南郡今壽州拜馬成揚武將軍督誅虜將軍劉隆振威

建武六年

壽春拜尚書令時無故典朝廷又少舊臣霸曰習故事收錄遺文條奏前世善政法度有益於時者皆施行之後漢書侯霸傳

將軍宋登射聲校尉王賞發會稽丹陽九江六安四郡兵擊李憲時帝幸壽春設壇場祖禮遣之後漢書馬成傳

李憲既誅餘黨淳于臨等聚衆數千人屯灊山攻殺安豐令後陳衆說降之後漢書李憲傳

建武十九年　秋九月上幸淮陽後漢書光武紀

建武二十年　夏六月徙中山王輔爲沛王冬十月封楚沛國後漢書光武紀

建武二十八年　秋八月沛王輔淮陽王延始就國後漢書光武紀

明帝永平十年　冬十一月徵淮陽王延會平輿徵沛王輔

李賢注霸縣故城今壽州

會睢陽後漢書明帝紀

永平十二年　夏四月遣將作謁者王吳修汴渠後漢書明帝紀案李賢注汴渠即莨蕩渠今宿州汴水上流

章帝章和元年　九月上幸壽春後漢書章帝紀

安帝永初二年　冬十二月稟沛國貧民後漢書安帝紀案續漢志沛國治相穀陽洨蘄竹邑龍亢向符離皆屬沛國

永初四年 春二月稟九江貧民後漢書安帝紀案續漢志陰陵壽春成德當塗鍾離下蔡平阿義成皆屬九江郡

永初七年 秋九月振給九江饑民後漢書安帝紀調濱水縣彭城廣陽廬江九江穀九十萬斛送敖倉東觀記

安帝元初六年 夏四月沛國大風雨雹後漢

書安帝紀

順帝陽嘉元年		春三月揚州六郡妖章河等寇四十九縣殺傷長吏後漢書順帝紀
順帝永和三年		夏四月九江賊蔡伯流寇郡界閏月辛卯詔徐州刺史應志降後漢書順帝紀安徽通志注後漢九江郡在今定遠縣西北六十五里
順帝建		八月九江賊范容周

康元年

沖帝八月庚午即位

生等寇掠城邑遣御史中丞馮赦督州郡兵討之後漢書順帝紀

揚州刺史尹耀九江太守鄧顯討賊范容等於歷陽軍敗耀顯爲賊所沒後漢書沖帝紀

十一月九江盜賊徐鳳馬勉等攻燒城邑沖帝紀

陰陵人徐鳳馬勉

冲帝永

等復寇郡縣殺署吏

人鳳衣絳衣帶黑綬

稱無上將軍勉皮冠

黃衣帶玉印稱皇帝

築營於當塗山中後漢書滕撫傳案當塗山今懷遠縣塗山是也李賢注誤

十二月九江賊黃虎等攻合肥後漢書冲帝紀

九江賊徐鳳等攻殺

嘉元年
春正月
崩質帝
即位

曲陽東城長後漢書質帝紀李賢注曲陽縣故城在今濠州定遠縣西北東城縣故城在定遠縣東南
三月九攻都尉滕撫
討馬勉范容周生大
破斬之五月下邳人
謝安應募擊徐鳳等
斬之十一月歷陽賊
華孟自稱黑帝攻殺
九江太守楊岑滕撫

桓帝元嘉元年

桓帝延熹九年

率諸將擊孟等大破斬之後漢書質帝紀

二月九江廬江大疫後漢書桓帝紀

春正月沛國戴異得黃金印無文字與廣陵人龍尙等共祭井作

符瞀稱太上皇伏誅後漢書桓帝紀

獻帝初平元年

春正月山東州郡兵起以討董卓推袁紹爲盟主卓兵强紹等莫敢先進行奮武將軍曹操引兵西到汴水戰不利乃詣揚州募兵刺史陳温丹陽

太守周昕与兵四千余人还到龙亢士卒多叛至铚建平复收兵得千余人进屯河内后汉书献帝纪三国志魏武纪陈温宿与曹洪善洪将家兵千余人就温募兵得庐江上甲二千人东到丹阳复得数千人与太祖会龙

初平四年

亢三國志曹洪傳三月袁術據淮南後漢書獻帝紀曹操擊徐州牧陶謙拔取慮睢陵夏邱今靈璧地皆屠之凡殺男女數十萬人雞犬無餘泗水爲之不流後漢書陶謙傳

獻帝興平元年

以袁術爲左將軍封陽翟侯遣太傅馬日

碑因循行拜授術尊日碑節拘留不遣薨於壽春 三國志袁術傳後漢書獻帝紀

獻帝建安二年

袁術稱帝於淮南以九江太守爲淮南尹置公卿百官郊祀天地 三國志魏武紀後漢書袁術傳

夏呂布與韓暹楊奉二軍向壽春水陸並進所過虜畧到鍾離大獲而還 三國志呂布傳注

歲凱江淮間民相食 後漢書獻帝紀袁術傳

建安四年

袁術前爲呂布所破後爲太祖所敗奔其

建安十三年

建安十四年 開芍陂屯田三國志魏武紀

部曲雷薄陳蘭於灊山復為所拒走還壽春六月至江亭歐血死三國志袁術傳後漢書袁術傳裴松之注江亭去壽春八十里

孫權自圍合肥使張昭攻九江之當塗昭兵不利三國志吳主傳

七月曹操自渦入淮出肥水軍合肥三國志魏志

建安十六年

武帝紀

徐宣從曹操到壽春會馬超作亂大軍西征操見官屬曰今當遠征而此方未定以爲後憂乃以宣留統諸軍三國志徐宣傳

建安二十四年

曹操駐兵摩陂召夏侯惇拜前將軍督諸軍還壽春三國志夏侯惇傳

三國魏	時政	兵事	祥異
文帝黃初五年		秋八月爲水軍親御龍舟循蔡潁浮淮幸壽春 三國志文帝紀	
黃初六年	春二月遣使者巡行沛郡問民所疾苦貧者振貸之 三國志文帝紀	八月帝以舟師自譙循渦入淮 三國志文帝紀	
明帝青龍二年		秋七月帝親御龍舟東征孫權攻新城退	

景初元年

走遂進軍幸壽春八月遣使者持節犒勞合肥壽春諸軍三國志明帝紀

九月淫雨冀兗徐豫四州水出沒溺殺人漂失財產晉書五行志

景初二年

夏四月分沛國蕭相

十二月初壽

年

年

竹邑苻離蘄銍龍亢山桑洨虹十縣爲汝陰郡 三國志明帝紀

春農民妻自言爲天神所下命爲登女當營衛帝室蠲邪納福飲人以水及以洗瘡或多愈者於是立館後宮下詔稱揚甚見優寵

及帝疾飲水無驗於是殺焉三國志明帝紀

齊王芳正始二年

夏五月吳將全琮寇芍陂六月吳軍遁晉書宣帝紀

齊王芳正始四年

秋九月開淮陽百尺二渠又修諸陂於潁之南北萬餘頃自是淮北倉庾相望壽陽

至於京師農官屯兵連屬焉晉書宣帝紀

齊王芳嘉平四年

冬十一月詔征南大將軍王昶征東將軍胡遵鎮南將軍毋邱儉等征吳十二月吳大將軍諸葛恪拒戰大破衆軍於東關三國志少帝紀 案東關即濡須口今壽州境

高貴鄉 閏月壬子特赦淮南

春正月鎮東大將軍

公正元元年

士民諸爲儉欽所詿誤者以諸葛誕爲鎭東大將軍鎭壽春三國志三少帝紀

毋邱儉揚州刺史文欽擧兵作亂二月儉欽率衆六萬渡淮而西戊午遣諸葛誕督豫州諸軍自安風向壽春晉書景帝紀儉聞欽敗棄衆宵遁淮南安風津都尉追儉斬之欽遂奔吳淮南平晉書景帝紀

吳大將孫峻等衆號十萬至壽春諸葛誕拒擊破之 三國志三少帝紀

甘露二年

夏五月丙子赦淮南將吏士民爲誕所詿誤者 三國志三少帝紀

秋七月假廷尉何楨節使淮南宣慰將士申明逆順示以誅賞 晉書文帝紀

夏五月鎮東大將軍諸葛誕殺揚州刺史樂綝以淮南作亂遣子靚爲質于吳以請救 晉書文帝紀

八月吳朱異帥兵萬餘人留輜重於都陸

淮南秋夏雨潦常淹城 晉書五行志

輕兵至黎漿監軍石苞兗州刺史州泰禦之與退與不得至壽春尖八殺之晉書文帝紀

甘露三年

六月大論淮南之功封爵行賞各有差三國志三少帝紀

春正月誕欽等出攻長圍諸軍逆擊走之會誕殺欽欽子鴦踰城降二月攻拔壽春斬誕夷三族晉書文帝紀

正月壽春自去秋至此月旱晉書五行志

晉	時政	兵事	祥異
武帝泰始二年		吳將丁奉攻穀陽無功宋書五行志	
泰始四年		十一月吳將丁奉等出芍陂安東將軍汝陰王駿與義陽王望擊走之晉書武帝紀	九月青徐兖豫四州大水晉書五行志
泰始六年		春正月吳將丁奉入渦口揚州刺史牽宏	

年	紀事	紀事
	擊走之晉書武帝紀	
泰始七年	三月孫皓帥眾趨壽陽遣大司馬望屯淮北以拒之晉書武帝紀	
咸甯元年		四月丁巳白雉見安豐宋書符瑞志
咸甯三年		二月白虎見沛國宋書符瑞志
咸甯四年		七月荆揚郡

年

太康元年 夏五月詔孫氏大將戰亡之家徙于壽陽晉書武帝紀

太康五年

太康六

國二十皆大水晉書武帝紀

五月木連理生沛國宋書符瑞志

秋九月淮南平原霖雨暴水傷秋稼晉書五行志

十二月淮南

年

太康十年 以濮陽王允爲淮南王假節之國晉書武帝紀

惠帝元康二年

元康四年

雹晉書五行志宋書五行志作霰雹

冬十一月沛國雨雹傷麥元經

五月壽春山崩洪水出城壞地陷

元康五年

元康中

方三十丈殺人六月壽春大雷震山崩地坼人家陷死晉書五行志宋書五行志

五月淮南大水晉書五行志

安豐有女子周世甯年八

歲漸化爲男至十七八而氣性成此劉淵石勒蕩覆晉室之妖也晉書五行志 宋書五行志

永平二年

永平四 九月赦諸州之遭地

是歲沛國雨雹傷麥晉書惠帝紀

夏五月淮南

年

災者晉書惠帝紀

壽春洪水出山崩地陷壞城府及百姓廬舍六月壽春地大震死者二十餘家晉書惠帝紀

太安二年

夏五月義陽蠻張昌舉兵反昌別帥石冰寇揚州刺史陳徽與

永興間

戰大敗諸郡盡沒冬十一月揚州秀才周玘前南平內史王矩前吳興內史顧秘起義軍以討石冰冰退自臨淮趨壽陽征東將軍劉凖遣廣陵度支陳敏擊冰斬之晉書惠帝紀

劉喬為豫州刺史惠

懷帝永嘉四年

帝西幸長安東海王越承制轉喬冀州喬以非天子命拒之越移檄天下將入關迎大駕軍次于簫喬懼遣子祐拒于簫之靈璧晉書劉喬傳

十一月鎮東將軍周馥表迎大駕遷都壽陽東海王越使裴顏

討馥爲馥所敗走保東城請救於琅邪王睿晉書懷帝紀

永嘉五年

春正月琅邪王睿使將軍甘卓攻鎮東將軍周馥于壽春馥衆潰晉書懷帝紀秋七月石勒冦穀陽沛王滋戰敗遇害晉書懷帝紀

永嘉中

壽春城內有

豕生兩頭而不活周襲取而觀之時識者云豕北方畜胡狄象兩頭者無上也生而死不遂也天戒若曰勿生專利之謀將自致傾

覆也周馥不悟遂欲迎天子合諸侯俄爲元帝所敗是其應也石勒亦募渡淮百姓死者十九晉書五行志宋書五行志識者作通數者餘文小異

永嘉六年

石勒築壘于葛陂課農造舟將攻建業琅邪王睿大集江南之衆于壽春以鎮東長史紀瞻爲揚威將軍以討之勒引兵發葛陂遣石虎率騎二千向壽春爲紀瞻所敗追奔百里及勒軍瞻不敢擊退還壽春十六

愍帝建武元年	國春秋後趙錄	夏六月丁丑甘露降壽春宋書符瑞志
元帝太興二年		五月淮南安豐諸郡蝗蟲食秋麥晉書五行志
永昌元年	冬十月石勒圍譙破祖約別軍約退據壽	

永昌二年

明帝太甯元年

太甯二年

冬十月以江州刺史劉遐爲監淮北諸軍事晉書明帝紀

春晉書元帝紀

秋七月平西將軍祖約逐王敦所署淮南太守任台于壽春晉書明帝紀是時石勒將石生屯洛陽謀攻我豫

五月壽春大水晉書五行志

五月壽春大水晉書五行志

太甯三年

州祖約退保壽陽元經

夏四月石勒盡陷司兗豫三州之地晉書明帝紀案晉地理志豫州沛國之相竺邑苻離洨譙郡之龍亢蘄銍皆今鳳陽府屬

成帝咸和元年

十一月趙將石聰寇壽陽不克元經

咸和二年

夏五月加豫州刺史祖約為鎮西將軍鎮壽陽晉書成帝紀

十一月豫州刺史祖約反晉書成帝紀

咸和三年

咸康元年

穆帝永和元年

二月揚州諸郡饑遣郡振給晉書成帝紀案晉地理志揚州淮南郡之壽春成德下蔡義城西曲陽平阿鍾離陰陵當塗東城皆今鳳陽府屬

秋七月祖約爲石勒將石聰所攻衆潰奔于歷陽晉書成帝紀

秋八月豫州刺史路永叛奔于石季龍屯

永和五年

于壽春晉書穆帝紀六月趙揚州刺史王浹舉壽春降西中郎將陳逵進據壽春通鑑褚裒伐趙八月退屯廣陵陳逵聞之焚壽春積聚毀城退還通鑑

永和九年

冬十月中軍將軍殷浩進次山桑使平北將軍姚襄爲前鋒襄

叛反擊浩十一月浩使部將劉啟王彬之討姚襄復爲襄所敗襄遂進據芍陂晉書穆帝紀

永和十一年

十月進豫州刺史謝尙鎭西將軍鎭馬頭晉書穆帝紀案馬頭今懷遠境

升平三年

冬十月慕容儁寇東阿遣西中郎將謝萬

年	紀事
	次下蔡北中郎將郗曇次高平以擊之王師敗績晉書穆帝紀萬引兵還衆遂驚潰于是許昌潁川譙沛諸城相次皆沒于燕通鑑
哀帝隆和元年	冬十一月袁眞自汝南退鎮壽陽晉書哀帝紀
興甯二年	二月慕容平侵汝南太守朱斌遁于壽陽

廢帝太和四年

太和五

晉書哀帝紀

夏四月慕容暐遣其將李洪侵許昌王師敗績于懸瓠朱斌奔壽春大司馬桓溫遣西中郎將袁眞等禦之晉書哀帝紀通鑑

秋九月豫州刺史袁眞以壽陽叛晉書廢帝紀

二月袁眞死陳郡太

年

守朱輔立眞子瑾嗣事求救于慕容暐秋八月桓温擊袁瑾于壽陽敗之（晉書廢帝紀）瑾固守壽春爲温所圍苻堅遣王鑒張蚝率步騎二萬救之鑒據洛澗蚝屯八公山温諸將夜襲鑒蚝敗之（晉書苻堅載紀）

太和六年

正月苻堅遣將王鑒來援袁瑾將軍桓伊逆擊大破之丁亥桓溫克壽陽斬袁瑾 晉書廢帝紀案是年十一月海西廢簡文即位改元咸安通鑑編年故書咸安元年

孝武帝太元元年

冬十月移淮北流八於淮南 晉書孝武帝紀

太元八

冬十月苻堅弟融陷

年

太元十

年

壽春諸將及苻堅戰于肥水大破之俘斬數萬計獲堅輿輦及雲母車晉書孝武帝紀

春正月詔淮南所獲俘虜付諸作部者一皆遣散男女自相配匹賜百日廩其沒爲軍賞者悉贖出之以襄陽淮南饒沃地各

太元十五年

立一縣以居之晉書孝武帝紀

三月白兔見淮南壽陽宋書符瑞志

安帝義熙元年

春正月劉毅等諸軍次于馬頭晉書安帝紀通鑑時桓氏挾帝出屯江津劉毅起義兵迎帝案馬頭今懷遠境

魏遣豫州刺史索眞

義熙二年

大將軍斛斯蘭寇徐州攻相縣執鉅鹿太守賀申進圍宿豫將軍羊穆之于彭城穆之告急南彭城內史劉道憐率衆救之眞蘭退奔相城宋書長沙景王道憐傳案相城今宿州境

四月壽陽獻白兎宋書符瑞志

義熙三年

龍驤將軍朱猗戍壽陽婢炊飯忽有羣鳥集竈競來啄噉婢驅逐不去有獵狗咋殺兩鳥餘鳥因共啄殺狗又噉其肉唯餘骨存明

年六月猗死晉書五行志宋書五行志明年作五年誤

義熙五年

初燕王鮮卑慕容德死兄子超襲位前後屢爲邊患五年二月大掠淮北執陽平太守劉千載宋書武帝紀案陽平今靈璧縣南

義熙十

秋七月乙丑

年	時政	兵事	祥異
年			淮北大風壞廬舍大水殺人 晉書安帝紀
義熙十三年	十二月開汴渠 宋書武帝紀		
恭帝元熙元年	秋七月宋公裕進爵爲王八月移鎮壽陽 晉書恭帝紀		

宋	時政	兵事	祥異

武帝永初元年

夏四月徵宋王裕入輔王留子義康鎮壽陽通鑑

永初三年

春二月分淮東之地爲南豫州治歷陽淮西爲豫州治壽陽宋書武帝紀通鑑

冬十二月魏兵逼虎牢青州刺史遣使告急廬陵王義眞時鎮壽陽遣龍驤將軍沈叔狸將三千人就劉粹量宜赴援通鑑

營陽王

春三月朝議以項去

景平元年

魏不遣非輕軍所抗使劉粹召高道瑾還壽陽若沈叔貍已進亦宜且退粹奏虜攻虎牢未復南向若遽攝軍舍項城則淮西諸郡無所憑依沈叔貍已頓肥口又不宜遽退時李元德率散卒至項粹使助高道

文帝元嘉七年 魏太武帝神䴥三年	劉義欣爲豫州刺史給鼓吹一部鎮壽陽宋書長沙景王道憐傳冬十月罷南豫州并豫州宋書文帝紀芍陂又廢長沙王義欣修提防引肥河水入陂溉田萬餘頃無復旱災通鑑	謹守朝議並許之通鑑春二月將恢復河南使驍騎將軍段宏將精騎八千直指虎牢豫州刺史劉德武將兵一萬繼進冬十一月以長沙王義欣爲豫州刺史鎮壽陽通鑑

元嘉十二年　夏六月以徐豫等州郡米數百萬斛賜丹陽淮南吴興義興五郡遭水民秋八月原遭水郡諸逋負宋書文帝紀

元嘉十六年　閏八月復分豫州之淮南爲南豫州宋書文帝紀

元嘉十

夏五月乙亥

九年

元嘉二十年

元嘉二十三年

甘露降馬頭濟陽宋慶之園樹宋書符瑞志

秋八月白鹿見譙郡蘄縣宋書符瑞志

木連理生淮南當塗九月庚申嘉禾生沛國郡宋書符瑞

元嘉二十五年

元嘉二十六年

志

春二月白麞見淮南太守王休獲以獻宋書符瑞志

二月庚申壽陽驟雨有回風雲霧廣三十許步從南來至城西回

散滅當其衝者室屋樹木摧倒宋書五行志

三月戊寅白雉見沛郡夏五月白麞見馬頭豫州刺史南平王鑠以獻宋書符瑞志

元嘉二一

冬閏月魏主命諸將

十七年 魏太武帝 太平真君十一年

分道並進永昌王仁自洛陽趨壽陽尚書長孫眞趨馬頭楚王建趨鍾離十一月癸卯左軍將軍劉康祖於壽陽尉武戌與魏戰敗見殺永昌王仁進逼壽陽焚掠馬頭鍾離南平王鑠嬰城固守宋書文帝紀 通鑑

元嘉二十八年 十一月曲赦二兗徐豫青冀六州宋書文帝紀

魏太武帝正平元年

孝武帝孝建元年 二月壬午曲赦豫州宋書孝武帝紀

孝建二年

正月庚戌白兔見淮南宋書符瑞志

大明三年　春正月割豫州梁郡屬徐州秋七月分淮南北復置二豫州宋書孝武帝紀

大明四年　五月以徐州之梁郡還屬豫州宋書孝武帝紀

大明五年　九月移南豫州治淮南于湖縣宋書孝武帝紀

大明六　三月改豫州南梁郡

十二月戊寅淮南松木連理宋書符瑞志

年　爲淮南郡宋書孝武帝紀

大明七年　十一月曲赦南豫州殊死以下巡幸所經詳減今歲田租宋書孝武帝紀

大明八年　六月戊寅以豫州之淮南郡復爲南梁郡宋書前廢帝紀

明帝泰始二年　二月以許道蓮爲馬頭太守宋書殷琰傳　劉懷珍除甯朔將軍九月討壽陽軍至晉熙魏

魏獻文帝天安元年

分豫州立南豫州宋書明帝紀

太守閻湛拒守劉子勛遣將王仲虯步卒萬人救之懷珍遣馬步三千人襲擊仲虯大破之于莫邪山遂進圍壽陽南齊書劉懷珍傳三月中書舍人戴明寶啓上遣軍主竟陵黃回募兵擊斬壽陽所署馬頭太守王廣

元通鑑

十二月殷藩稱亂劉勔克壽陽豫州平是月薛安都要引魏張永沈攸之大敗遂失淮北四州及豫州淮西地宋書明帝紀

泰始三年

春三月曲赦豫南豫二州宋書明帝紀

魏獻文帝皇興元年

泰始七年 魏孝文帝延興元年

元徽元年

十月割南兗州之鍾離豫州之馬頭又分

十二月徐州竹邑戍士邢德於彭城南一百二十里得蓍一株四十九枚下掘得大龜獻之 魏書靈徵志

六月壽陽大水 宋書後廢帝紀五行

	（前欄）	齊高帝建元元年
齊	魏孝文帝延興三年	高帝建元元年 宋順帝昇明三年四月受禪 魏孝文帝
時政	秦郡梁郡歷陽置新昌郡立徐州 宋書後廢帝紀	
兵事		冬十一月魏隴西公元琛三將出廣陵河東公薛虎子三將出壽春 魏書孝文帝紀
祥異		三月白虎見歷陽龍元縣新昌村 南齊書符瑞志 九月甘露降淮南郡桃石榴二樹 南齊

建元二年 太和三年 魏太和四年

二月癸巳遣大使巡慰淮肥徐豫邊民尤貧遺雜者刺史二千石量加振䘏 高齊書高帝紀

正月魏隴西公元琛等攻克馬頭戍 魏書孝文帝紀 魏師攻鍾離齊徐州刺史崔文仲擊破之 通鑑 二月丁卯魏寇壽陽豫州刺史垣崇祖破走之 南齊書高帝紀 乙酉崔文仲遣軍主陳靖攻魏竹邑戍主白

書符瑞志

建元三

仲都殺之秋八月魏遣鎮南將軍賀羅出下蔡入寇通鑑九月下蔡戍主棄城遁走魏書孝文帝紀冬十月魏以昌黎馮熙為西道都督與征南將軍桓誕出義陽鎮南將軍賀羅出鍾離同入寇通鑑正月領軍將軍李安

年

魏太和五年

民等破魏于淮陽南齊書高帝紀二月魏將軍擊破游擊將軍桓康於淮陽齊豫州刺史垣崇祖攻下蔡魏昌黎王馮熙擊破之假梁王嘉大破齊將俘獲三萬餘口魏書孝文帝紀

武帝永明十一

七月曲赦南兖兖豫司徐五州南齊書武帝紀

年	事	事
年		
海陵王隆昌元年	明帝輔政起蕭衍爲甯朔將軍鎮壽陽梁書武帝紀	
明帝建武二年魏太和十九年		正月魏攻鍾離徐州刺史蕭惠休破之南齊書明帝紀二月甲辰魏主幸八公山丙辰至鍾離壬戌魏王班師魏書孝文帝紀

建武四年 魏太和二十一年

東昏侯永元二年 魏宣武帝景明元年

春二月癸丑遣左衛將軍蕭惠休假節援壽陽辛未豫州刺史裴叔業擊魏于淮北破之南齊書明帝紀

正月詔討豫州刺史裴叔業二月丙戌以魏尉蕭懿爲豫州刺史征壽春己丑裴叔業病死兄子植以壽

春降魏南齊書東昏侯紀齊將陳伯之水軍泝淮而上以逼壽春夏四月丙申魏彭城王勰車騎將軍王肅大破之斬首萬數秋八月乙酉彭城王勰復破伯之于肥口冬十月甲午魏主詔壽春置兵四萬人魏書宣武帝紀

梁

武帝天監二年

天監四年 魏宣武帝正始二年

時政

兵事

二月壬午遣衛尉卿楊公則率宿衛兵塞洛口三月陳伯之自壽陽率衆歸降冬十一月魏寇鍾離遣右衛將軍曹景宗率衆

祥異

六月安豐縣大水 隋書五行志

天監六年

赴援（梁書武帝紀）

夏四月癸巳曹景宗韋叡等破魏軍于邵陽洲斬獲萬計（梁書武帝紀）

（案邵陽洲在舊臨淮縣東北十八里）

天監十年

夏五月癸酉安豐縣獲一角元龜（梁書武帝紀）

天監十

五月壽春大

二年 魏延昌二年

水 魏書靈徵志

普通二年 魏正光二年

二月龍亢戍東木連理二 魏書靈徵志

普通五年 魏正光五年

九月壬戌宣毅將軍裴邃襲壽陽入羅城弗克 梁書武帝紀

冬十月辛卯裴邃破

狄城丙申又克𨛬城遂進屯黎將壬寅定遠將軍太守曹世宗破魏曲陽城甲辰又克秦墟十一月壬戌裴邃攻壽陽之安城克之丙寅魏馬頭安城並來降十二月戊寅魏荆山城降梁書武帝紀

普通六年 魏孝昌元年

二月乙未趙景悅下魏龍亢城夏五月壬子遣中護軍夏侯亶督壽陽諸軍事北伐 梁書武帝紀

普通七年 魏孝昌二年

冬十一月丁亥放魏揚州刺史李憲還北以壽陽置豫州 梁書武帝紀 以夏侯亶爲豫南豫二州刺史壽陽久

秋七月上聞淮堰水盛壽陽城幾没復遣潁州刺史元樹等自北道攻黎槳豫州刺史夏侯亶等自南道

大通元年 魏孝昌三年
歷兵革民多離散寘輕刑薄賦務農省役頃之民戶充復 通鑑
攻壽陽冬十一月夏侯寘軍入魏境所向皆下辛巳魏揚州刺史以壽陽降宣猛將軍陳慶之入據其城 通鑑 夏五月成景儁克魏臨潼竹邑 梁書武帝紀

大通二年　魏武泰元年

中大通元年　魏孝莊帝永安二年

四月魏北海王顥來奔十月遣東宮直閣將軍陳慶之將兵送之還北襲魏銍城而據之通鑑

十二月有妖賊僧彊自稱天子土豪蔡伯龍起兵應之衆至三萬攻陷北徐州胡三省注此北徐州治鍾離陳慶之討

大同四年

秋八月詔南兗北徐西徐東徐青冀南北青武仁潼睢等十二州既經饑饉曲赦逋租宿責勿收今年三調梁書武帝紀

斬之通鑑

大同中

童謡曰青絲白馬壽陽來其後侯景破

丹陽乘白馬以青絲爲羈勒（隋書五行志）

太清元年（東魏武定五年）	秋七月甲子詔以懸瓠爲豫州壽春爲南豫州八月以南豫州刺史蕭淵明爲大都督（梁書武帝紀 通鑑）
太清二年	春正月侯景至壽陽　秋八月侯景舉兵反 梁以侯景爲南豫州　擅攻馬頭木栅荆山

東魏武定六年

牧秋八月曲赦南豫州（梁書武帝紀）

等戍甲辰以安前將軍開府儀同三司邵陵王綸都督衆軍討景（梁書武帝紀）九月侯景直趨建康留外弟王顯貴守壽陽（通鑑）

太清三年

東魏武定七年

春正月王顯貴以壽陽降東魏冬十二月東魏盡有淮南之地（通鑑）

元帝承聖三年 北齊天保五年

齊遣高涣送貞陽侯蕭深明來主梁嗣攻東關梁晉安王方智承制以裴之横爲使持節鎮北將軍徐州刺史都督衆軍出守蘄城之横營壘未周而北軍大至兵盡矢窮遂陳没通鑑

陳	時政	兵事	祥異
文帝天嘉二年 北齊主演皇建二年	春正月齊主以王琳爲驃騎大將軍開府儀同三司揚州刺史鎮壽陽 通鑑		
天嘉三年 北齊主湛太寧二年		閏二月齊揚州刺史王琳數欲南侵尚書盧潛以爲時事未可上遣移書壽陽與齊	

宣帝太建五年 北齊後主武平四年

冬十月丙辰詔曰梁末得懸瓠以壽陽爲南豫州今者克復可還爲豫州陳書宣帝紀

和親濬以書奏齊朝且請息兵齊主許之通鑑

三月命吳明徹統衆十萬伐齊夏四月齊使王琳赴壽陽召募拒陳師秋七月已巳征北大將軍吳明徹軍至峽口克其北岸城南岸守者棄城走

淮北絳城及穀陽士民並殺其戍主以城降齊王琳王顯貴保壽陽外郭吳明徹以琳初入衆心未固丙戌乘夜攻之城潰齊兵退據相國城及金城（通鑑注二城在壽陽城中）九月壬申高陽太守沈善慶克馬頭城壬辰晦

前鄱陽內史魯天念克黃城通鑑胡注黃城在壽陽西

冬十月乙巳吳明徹克壽陽城斬王琳丁未齊兵萬八至潁口樊毅擊走之辛亥齊遣兵援蒼陵又破之陳書宣帝紀　案通鑑注壽春縣故楚有蒼陵城

太建六

春正月曲赦江右淮

年

北齊後主武平五年

太建七年

北齊武平六年

北豫十五州陳書帝紀自

春正月乙亥左衛將軍樊毅克潼州城三月辛未詔豫二藩譙徐合霍南司定九州及南豫江郢所部在江北諸郡置雲旗義士往大軍及諸鎮備

太建十年 周武帝宣政元年

太建十一年 周宣帝大象元年

防陳書宣帝紀三月平北將軍樊毅都督清口上至荆山緣淮諸軍甯遠將軍任忠都督壽陽新蔡霍州諸軍以備周通鑑冬十月甲午周遣杜國梁士彥率衆至肥口戊戌周軍進圍壽陽丙午樊毅領水軍

二萬自東關入焦湖武毅將軍蕭摩訶率步騎趨歷陽戊申豫州陷辛亥霍州又陷癸丑以新除中衛大將軍揚州刺史始興王叔陵爲大都督總督水步衆軍十二月乙丑南北兗晉三州及盱眙山陽陽平馬

太建十二年

周靜帝大象二年

頭秦歷陽沛北譙南梁等九州衆民並自拔還江南譙北徐州又陷自是淮南之地盡没于周陳書宣帝紀通鑑

五月己丑周天元將伐陳以楊堅爲壽陽總管使鄭譯發兵會壽陽通鑑

隋	時政	兵事	祥異
高祖開皇八年		冬十月置淮南省于壽春晉王廣等爲行軍元帥率師伐陳綱目	
開皇九年	淮南郡治壽春改曰壽州置總管府隋書地理志		
開皇十年	春三月以幽州總管周搖爲壽州總管隋書		

煬帝大業十一年

大業十二年

唐

時政

高祖紀

兵事

秋七月己亥淮南人張起緒舉兵爲盜衆至三萬隋書煬帝紀

九月盜賊杜伏威起淮南右禦衛將軍陳稜擊破之隋書煬帝紀 唐書高祖紀

祥異

高祖武德四年

吳王杜伏威盡有江東淮南之地後入朝 舊唐書杜伏威傳

武德六年

八月淮南行臺左僕射輔公祏反發兵寇壽陽命趙郡王孝恭爲行軍元帥擊之 舊唐書河間王孝恭傳

太宗貞觀八年

秋七月淮南大水遣使振卹 舊唐書太宗紀

秋豪州水 舊唐書五行志

貞觀十七年

夏四月丙寅詔河北淮南舉孝悌純篤兼閑時務儒術皆通可爲師範文辭秀美才堪著述明識政體可委字人并志行修立爲鄉里所推者給傳詣洛陽宮 舊唐書太宗紀

貞觀十二年

是歲滁豪二州野蠶成繭

貞觀十七年十八年

高宗永徽六年

元宗開

春正月乙卯於河南河北淮南六十七州募得四萬四千六百四十六人往平壤帶方道行營舊唐書高宗紀

新唐書太宗紀

豪州疫新唐書五行志

十一月自京

元十一年

開元十四年

師至於山東淮南大雪平地三尺舊唐書元宗紀

七月瀍水暴漲流入洛漕漂没諸州租船漂失揚壽光和廬杭瀛棣租米一十

開元二十五年

夏四月庚戌陳許豫壽四州開稻田舊唐書元宗紀

天寶四載

七萬二千八百九十六石并錢絹雜物等舊唐書五行志

秋八月河南睢陽淮陽譙等八郡大水

天寶十四載 春三月遣給事中裴士淹等巡撫河南河北淮南等道舊唐書元宗紀

肅宗乾元元年 春三月山南東道河南淮南江南皆置節度使舊唐書肅宗紀

上元元年

舊唐書元宗紀

冬淮西節度使奏副使劉展倔强不受命上以展爲江淮都統

代李峘密勅李峘及淮東節度使鄧景山圖之十二月展反峘引兵渡江展軍白沙設疑兵襲之峘兵潰奔展遂陷宣濠楚舒和滁廬等州所向摧靡橫行江淮間鄧景山奏乞勅平盧兵馬使田神功救淮南且

代宗大曆二年

大曆三年

遣八趨之神功悉眾南下展懼選精兵渡淮擊神功連戰皆敗綱目通志案白沙今鳳陽府東八十里

平盧行軍司馬許杲將卒三千駐豪州不去有窺淮南意淮南節度使崔圓令副使

秋淮南水災舊唐書代宗紀

大歷九年	夏五月乙丑詔每道歲有防秋兵馬淮南四千人舊唐書代宗紀	元城張萬福攝濠州刺史晁聞命即提卒去通鑑
懷德建中二年		李正已遣兵扼徐州埇橋渦口今宿州境梁崇義阻兵襄陽運路皆絕人心震恐江淮進

興元元年

奉船千餘艘泊渦口不敢進上以張萬福爲濠州刺史萬福馳至渦口立馬岸上發進奉船淄青將士停岸睥睨不敢動通鑑

春正月李希烈僭號稱大楚皇帝遣其將楊曄舊唐書傳作豐齎勅如淮南壽州刺史張建

貞元二年

封執之腰斬以徇上悅以建封爲豪壽廬都團練使希烈乃以其將杜少誠將步騎十萬先取壽州建封遣其將賀蘭元均守霍邱少誠不能過遂南寇蘄黄綱目

夏荆南淮南江河泛溢壞

貞元八年

夏四月以東都河南淮南江南嶺南山南東道兩稅等物令戶部侍郎張滂主之秋八月乙丑分命朝臣宣撫振貸江淮等州舊唐書德宗紀

貞元十

秋八月丙辰制吳少

人廬舍舊唐書五行志

秋大雨河南河北山南江淮凡四十餘州大水漂溺死者二萬餘人舊唐書德宗紀五行志

年	紀事
五年	誠擅動甲兵暴越封壤壽州茶園輒縱凌奪在身官爵並宜削黜舊唐書德宗紀
貞元十六年	冬十月癸卯詔泗州濠州宜隸淮南觀察使舊唐書德宗紀
貞元十七年	冬十月淮南節度使杜佑進通典凡九門其二百卷舊唐書德宗紀

憲宗元和二年	元和三年	元和九
		冬十月停賜留守反
冬十月庚申李錡據潤州反以淮南節度使王鍔充諸道行營招討使內官薛尚衍爲監軍率汴徐鄂淮南宣歙之師取宣州路進討舊唐書憲宗紀		
	是歲淮南旱舊唐書憲宗紀	

年

諫官授華汝壽三州旗甲 舊唐書憲宗紀

元和十一年

夏四月丁巳徐宿振粟八萬石冬十二月初置淮潁水運使運揚子院米自淮陰泝流至壽州四十里入潁口 舊唐書憲宗紀

夏四月徐宿饑 舊唐書憲宗紀

穆宗長慶元年

春正月靈武節度使李聽奏請於淮南忠

武甯等道防秋兵中取三千人衣賜月糧賜當道自召募一千五百人馬驍勇者以備邊仍令五十人爲一社每一馬死社人共補之馬永無闕從之舊唐書穆宗紀

長慶二年

秋八月鹽鐵轉運使王播進開潁口圖舊唐書

冬十月，詔淮南、浙西東、宣歙、江西等道觀察使，各於當道有水旱處，取常平義倉斛㪷，據時估減半價出糶，以惠貧民。舊唐書穆宗紀

長慶三年

春三月，敕應御服及器用在淮南、兩浙、宣歙等道合供進者並

端午誕節常例進獻者一切權停舊唐書穆宗紀

長慶四年

秋九月浙西淮南各進宣索銀妝奩三具舊唐書敬宗紀

敬宗寶歷元年

寶歷二年

夏五月山人杜景先於光順門進狀稱有

是歲淮南等州旱災傷稼舊唐書敬宗紀

文宗太和四年

道術令中使押杜景先往淮南諸州求訪異人舊唐書敬宗紀冬十二月文宗即位勅鳳翔淮南先進女樂二十四人並放歸本道舊唐書文宗紀

冬十一月淮南大水及蟲霜並傷稼舊唐

太和五年 蠲淮南秋租 舊唐書文宗紀

太和七年 春三月復於埇橋置宿州割徐州苻離縣蘄縣泗州虹縣隸之 舊唐書文宗紀

太和八年

書文宗紀

是歲淮南道水傷稼 舊唐書文宗紀

秋九月淮南水災民戶流

開成二年

亡舊唐書文宗紀

春三月壬申有大魚長六丈自海入淮至濠州招義民殺之近魚孽也新唐書五行志

開成五年

夏六月淮南蝗疫新唐書武宗紀

懿宗咸

夏淮南蝗旱

咸通三年

咸通九年

九月龐勛陷宿州遂出徐宿官庫錢帛召募凶徒不旬日其徒五萬令別將梁伾守宿州又令將劉贇攻濠州陷之十二月庚辰朔將軍戴可師率沙陀吐渾部落二萬人於淮南與賊轉戰

民饑舊唐書懿宗紀

咸通十年

十月戊戌免徐宿濠泗四州三歲稅役新唐書懿宗紀　舊唐書作秋九月

賊黨屢敗盡棄淮南之守舊唐書懿宗紀　正月康承訓大軍攻宿州賊將梁伾出戰屢敗二月詔司農卿薛瓊使淮南廬壽楚等州點集鄉兵以自固四月康承訓奏大敗柳子寨今宿州境賊詔監軍楊元价與康承

訓商量拔汴河水以灌宿州夏六月賊將鄭鎰急攻壽州詔南面招討使馬舉救之賊解圍而去秋七月康承訓攻賊柳子寨垂尅賊將王宏立救至王師大敗九月賊宿州將張元稔以城降有兵萬人與馬舉

咸通十一年

冬十一月徐州都團練使改為感化軍節度徐宿濠泗等州觀察處置等使舊唐書懿宗紀

僖宗乾

合勢復收徐州龐勛方來赴援聞城已拔欲南趨濠州馬舉追及蘄河擊敗之勛溺而死舊唐書懿宗紀

十二月王仙芝陷申

符三年

文德元年

昭宗大順元年

光廬壽滁舒六州新唐書僖宗紀秋七月黃巢自沂海其徒數萬趨潁蔡入查牙山今定遠境遂與王仙芝合舊唐書僖宗紀

秋九月汴將朱珍敗時溥之師于埇橋遂陷壽州舊唐書僖宗紀

夏四月宿州小將張筠逐刺史張紹光擁

大順二年

眾以坿時溥朱溫討之殺千餘人筠遂堅守溫又遣朱友裕以兵襲取徐軍三千餘眾獲沙陀援軍石君和等三十八斬於宿州城下舊五代史梁太祖紀

秋八月汴將丁會急攻宿州刺史張筠堅守其壁會乃率眾于

景福二年

州東築堰壅汴水以浸其城十月鈞遂降宿州平舊五代史梁太祖紀

春三月楊行密攻濠州拔之執其刺史張璲丁亥遂圍壽州夏四月行密攻壽不克將引還庚寅朱延壽請往更攻一鼓拔之執其刺史江從勗行

乾甯二

密即以延壽知壽州團練使未幾汴兵數萬來攻州兵少吏民恟懼延壽命黑雲隊長李厚拒之厚殊死戰都押牙柴再用復爲之助延壽悉衆乘之汴兵敗走 十國春秋吳世家

夏四月濠壽二州復

年

乾甯四年

為楊行密所陷舊五代史梁太祖紀

春二月鄆齊曹棣兗沂密徐宿陳許鄭滑濮等州皆沒於朱全忠舊唐書昭宗紀

秋九月梁攻淮南龐師古出清口葛從周出安豐梁王軍屯宿州行密遣朱瑾擊之新五代史梁本紀

天復二年

天復三

冬十月梁遣龎師古葛從周率兵士七萬渡淮攻行密壽州行密擊敗梁兵淸口殺師古而從周收兵走追至溮河又大敗之舊唐書昭宗紀新五代史吳世家

春三月楊行密攻宿州不克十國春秋吳世家

夏四月楊行密遣將

年

將兵數萬攻宿州汴將康懷貞救宿州吳兵引退十國春秋吳世家

秋八月田頵安仁義反頵遣二使詐為商人詣壽州約奉國節度使朱延壽道遇尚公迺疑之殺一人得頵書以告行密朱延壽素狎傳于行密頵

哀帝天祐二年

怨望陰與田頵通頵遣前進士杜荀鶴至壽州與延壽相結又遣至大梁告朱全忠全忠大喜遣兵屯宿州以爲聲援（十國春秋吳世家）

春正月梁王全忠遣將進兵逼壽州（十國春秋吳世家）

五代梁	梁太祖 開平元
時政	
兵事	冬十一月朱全忠平荊襄後引軍攻淮南距壽州三十里壽人閉壁不出全忠自正陽渡淮而北 舊唐書哀帝紀
祥異	夏五月宿州刺史王儒進白兔一 舊五代史

開平二年

冬十月帝以寇彥卿爲東南面行營都指揮使擊淮南十一月彥卿攻廬壽二州皆不勝淮南遣滁州刺史史儼拒之彥卿引歸通鑑

梁太祖紀

末帝乾化三年

冬十一月梁使王景仁將兵萬餘侵廬壽

十二月吳鎮海節度使徐溫平盧節度使朱瑾率將拒之遇於趙步胡三省注南直壽春紫金山吳徵兵未集溫以四千餘人與景仁戰不勝而却景仁引兵乘之將及于隘吳吏士皆失色左驍衛大將軍陳紹援槍大呼曰

紀年	時政	兵事	祥異
		誘敵太深可以進矣躍馬還門梁兵大敗通鑑	
莊宗同光元年 吳睿帝溥順義三年	冬十月徐知誥以王命道滁州刺史王稔巡霍邱因代鍾泰章		

同光三年

爲壽州團練使（十國春秋吳世家）

十一月二十五日夜魏博徐宿地大震（舊五代史五行志）

明宗天成三年

冬十月升壽州爲忠正軍（舊五代史唐明宗紀）

長興元年

秋七月宿州進白兔安重

	後漢	高祖天福十二年
	時政	
	兵事	
誨謂其使曰豐年爲上瑞兔懷狡性雖白何爲命退歸 舊五代史明宗紀	祥異	冬十二月宿州奏部民餓死者八百六

高祖即位改晉少帝開運四年為天福十二年

隱帝乾祐二年

夏六月己卯滑濮澶曹兗淄青齊宿懷相衛博陳等州奏蝗分命中使致祭于所在川澤山林之神舊五代史

十有七八舊五代史漢高祖紀

夏六月癸酉魏博宿三州蝗抱草而死舊五代史漢隱帝紀

後周	時政	兵事	祥異
	漢隱帝紀		
太祖廣順元年	春正月詔沿淮諸郡淮白魚不許敬奉夏四月詔沿淮州縣許淮南人就淮北糴易餱糧 舊五代史周太祖紀		夏四月淮南饑 舊五代史周太祖紀
世宗顯德二年	冬十一月以宰臣李穀為淮南道前軍行	二月李穀奏破淮賊二千人于壽州城	

顯德三年

營都部署知廬壽等州行府事（舊五代史周世宗紀）正月甲寅車駕至正陽以侍衛都指揮使李重進爲淮南道行營都招討使命宰臣李穀判壽州行府事乙卯車駕渡淮丙辰至壽州城下營于州西北淝水之陽詔移

下（舊五代史周世宗紀）春正月丁酉李穀奏破淮賊于上窑丁未李穀奏自壽州引軍退守正陽辛亥李重進奏大破淮賊于正陽斬首二萬餘級伏尸三十里臨陳斬賊大將劉彥貞生擒將

世宗駐蹕壽州城下中夜有白虹自淝水起亘數丈下貫城中數刻方沒（春明退朝錄）

正陽浮橋于下蔡舊五代史周世宗紀二月丙寅幸下蔡浮橋新五代史周本紀三月李景使人奏云願割壽濠泗楚光海六州之地歸于大朝世宗不允舊五代史周世宗紀六月壬申德音赦淮南四新五代史周本紀十二月發陳蔡宋亳

咸師朗已下獲戎中三十萬副馬五百匹舊五代史周世宗紀先是劉彥貞聞穀退軍皆以爲怯裨將咸師朗曰追之可大獲利劉仁贍使人喻之曰君來赴援未交戰而敵人退不可測也愼勿追逐彥貞不聽至正陽李

潁 曹 單 等 州 丁 夫 城 下 蔡 舊五代史周世宗紀

重 進 先 至 未 及 食 而 戰 彥 貞 施 利 刃 於 拒 馬 又 刻 木 爲 獸 號 揵 馬 牌 以 皮 囊 布 鐵 蒺 藜 於 地 周 兵 見 而 知 其 怯 一 鼓 敗 之 彥 貞 死 於 陳 馬令南唐書

正 月 壬 戌 趙 匡 允 奏 破 淮 賊 萬 餘 衆 于 渦 口 斬 僞 兵 馬 都 監 何

延錫等獲戰船五十艘舊五代史周世宗紀戊辰盧壽巡檢使司超奏破淮賊三千于盛唐獲都監偽吉州刺史高弼以獻舊五代史周世宗紀五月周淮南節度使向訓請棄揚州併力以攻壽春馬令南唐書八月殿前都指揮使張永

德奏破淮賊于下蔡十一月又奏破濠州送糧軍二千人于下蔡奪米船十餘艘舊五代史周世宗紀

顯德四年

三月甲午詔發近縣丁夫城鎮淮軍郎澗河口仍搆浮梁于淮上己亥帝復幸下蔡壬寅賜淮南降軍許文縝

正月丁未淮南道招討使李重進奏破淮賊五千人于壽州北舊五代史周世宗紀周兵圍壽春連年未下城中食盡

邊鎬已下萬五百人衣服錢帛有差舊五代史周世宗紀戊申幸壽州劉仁贍與將佐已下及兵士萬餘人出降帝慰勞久之恩賜有差庚戌移壽州于下蔡以故壽州爲壽春縣是月曲赦壽州營內見禁罪人自今月二

齊王景達自濠州遣應援使永安節度使許文縝都軍使邊鎬北面招討使朱元將兵數萬泝淮救之軍於紫金山列十餘寨如連珠與城中烽火晨夕相應又築甬道抵壽春欲運糧以饋之綿亘數十里將及

十一日己前凡有過犯並從釋放應歸順職員並與加恩壽州營界去城三十里內放今年秋夏租稅自來百姓有曾受江南文字聚集山林者並不問罪如有曾相傷害者今後不得更有相讎及經管論訴自

壽春李重進邀擊大破之死者五千人奪其二寨通鑑二月帝命右驍衛大將軍王環將水軍數千自閔河沿潁入淮通鑑胡三省注自正陽入淮河三月庚寅世宗率諸軍駐於紫金山下命趙匡允率親軍登山擊賊連破數砦

用兵已來被虜刼骨肉者不計遠近並許本家識認官中給物收贖曾經陣敵處所暴露骸骨並仰收拾埋瘞自前政令有不便於民者委本州條例聞奏當行釐革舊五代史周世宗紀

斬獲數千斷其來路賊軍首尾不相救是夜賊將朱元朱仁裕孫璘各舉砦來降降其衆萬餘人舊五代史周世宗紀 壬辰帝軍于趙步諸將擊唐紫金山寨大破之殺獲萬餘人擒許文縝邊鎬楊守

壽州故治壽春世宗 忠餘衆沿淮東走帝

以其難克徙城下蔡而復其軍曰忠正軍曰吾以旌仁瞻之節也（新五代史劉仁瞻傳）

自趙步將騎數百循北岸追之諸將以步騎循南岸追之水軍自中流而下唐兵戰溺死及降者殆四萬人獲船艦糧仗以十萬數晡時帝馳至荆山洪（今懷遠地）距趙步二百餘里（通鑑）夏五月唐郭廷謂將水軍斷渦

口浮梁又襲賊武甯節度使武行德于定遠行德僅以身免通鑑十二月丙戌世宗至濠州城下戊子親破十八里灘砦在濠州東北淮水之中四面阻水令甲士數百人跨馳以濟趙匡允以騎軍浮水而渡遂破

其砦擄其戰艦而廻癸巳帝親率諸軍攻濠州奪關城破水砦賊衆大敗焚戰艦七十餘艘斬首二千級進軍攻羊馬城辛丑帝自濠州率大軍水陸齊進循淮而下命趙匡允率精騎爲前鋒癸卯大破淮賊于

渦口斬首五千級收降卒二千餘人奪戰船三百艘遂鼓行而東十二月壬戌僞命濠州團練使郭廷謂新五代史通鑑作廷謂以城歸順舊五代史周世宗紀郭廷謂望金陵大慟再拜然後以城降世宗曰江南諸將惟卿斷渦口

橋破定遠寨足以報李景祿矣隆平集

顯德五年

翰林醫官馬道元進狀訴壽州界被賊殺刼男獲正賊見在宿州本州不爲勘斷帝大怒夏四月遣端明殿學士竇儀乘驛往按之及獄成坐族死者二十四人舊五代史周世

宗紀

夏五月辛巳朔詔徐宿宋亳等州所欠去年秋夏稅物並與除放舊五代史周世宗紀

顯德六年

春二月庚辰發徐宿宋單等州丁夫數萬浚汴渠數百里舊五代史周世宗紀宋史周三臣傳

三月己巳濠州奏鍾離縣饑民死者五百九十有四舊五代史周世宗紀

光緒鳳陽府志卷四下

紀事表下

宋

	時政兵事	祥異
太祖建隆元年		宿州火燔民舍萬餘區宋史五行志
建隆二年	五月丁丑以安邑解兩池鹽給徐宿鄆濟宋史太祖紀	宿州春夏不雨宋史五行志

建隆三年

六月丁卯振宿州饑 宋史太祖紀

建隆四年

乾德四年

春正月淮南饑 宋史太祖紀

四月癸巳宿州晝日無雨雷霆暴作軍校傅韜震死 宋史五行志

八月宿州汴水溢壞隄 宋史五行志

年			
開寶二			宿州水害秋苗宋史五行志
開寶五年	八月癸卯升宿州為保靜軍節度宋史太祖紀		壽州大水宋史五行志
開寶六年			潁川淮渒水溢濟民舍田疇甚衆宋史五行志按渒水在今壽州
開寶九年		冬十月庚子鎮州巡檢郭進焚壽陽縣俘	

九千八（宋史太祖紀）

太宗太平興國二年

八月壽州大水（宋史太宗紀）

太平興國三年

正月甘露降壽州廨（宋史五行志按太宗紀作二月）

太平興國五年

四月安豐縣風雹（宋史五行志按太宗紀云壽州風雹）

年	紀事		
太平興國八年			九月宿州睢水溢浸民舍六十里宋史五行志太宗紀
雍熙元年	六月己丑遣使按察淮南獄訟宋史太宗紀		
雍熙二年	八月癸酉朔遣使按問淮南諸州刑獄仍察官吏勤惰以聞宋史太宗紀		

雍熙三年

端拱二年

淳化五年

九月辛酉遣使分行泗壽等州按行民田被水及種蒔不及者並蠲其租宋史太宗紀

六月壽州大水宋史五行志太宗紀

二月甘露降壽州廨園柏及資聖寺檜宋史五行志

秋壽州雨水害稼宋史五行志

至道元年

七月臨淮縣民侯正家二禾合成一穗十月濠州獻瑞穀圖宋史五行志

至道二年

冬十一月甲午禁淮南通行鹽稅宋史太宗紀

安豐縣民王構妻產三男六月宿州蝗生食苗宋史五行

眞宗咸平元年	志 秋七月宿州蝗抱草死宋史太宗紀
景德二年	春正月甲子詔淮南以上供軍儲振饑民宋史眞宗紀 淮南旱宋史五行志
景德三年	二月乙亥詔淮南振乏食客戶宋史眞宗紀 九月淮南諸路旱饑宋史五行志
	汴水決南注亳州合浿岩

大中祥符三年　秋九月甲辰內出綏撫十六條頒江淮南安撫使宋史眞宗紀

大中祥符四年　六月丙寅遣使安撫江淮南水災許便宜從事宋史眞宗紀

大中祥符五年　秋八月淮南旱減運河水灌民田仍寬租

渠東入于淮宋史五行志

夏宿州旱宋史五行志

五月宿泗濠州麥自生宋史五行志眞宗紀

限州縣不能存恤致民流亡者舉之宋史眞宗紀是歲淮南饑減直糶穀以濟流民宋史眞宗紀五行志

大中祥符六年

夏四月庚辰詔淮南給饑民粥麥登乃止宋史眞宗紀

大中祥符七年

夏四月己未賜淮南諸州民租十之二宋史眞宗紀

六月丁卯壽州獻紫莖金芝宋史眞宗紀是歲淮南饑宋史眞宗紀五行志

天禧元年		六月江淮南蝗自死宋史真宗紀
天禧三年	六月浚淮南漕渠廢三堰宋史真宗紀	
天禧四年	二月癸未遣使安撫淮南饑民宋史真宗紀	淮南水災宋史五行志
仁宗天聖元年	春正月戊子以淮南水災遣使安撫宋史仁宗紀	

三月行淮南十三山場貼射茶法宋史仁宗紀

天聖四年 夏四月壬子詔淮南平穀價宋史仁宗紀

六月詔淮南被水民田蠲其租宋史仁宗紀

天聖八年 冬十月弛亳宿等州軍鹽禁宋史仁宗紀

天聖九年

五月宿州獲白兔宋史五行志

年	事	
明道元年		淮南饑宋史五行志仁宗紀
明道二年	淮南饑遣使安撫除民租宋史仁宗紀	
景祐元年	春正月淮南饑出內藏絹二十萬代其民歲輸詔停淮南上供一年秋七月丙申賜壽州下蔡縣被溺之家錢有差冬十月庚	

申詔淮南轉運兼發運事　宋史仁宗紀

寶元元年　八月丁卯復淮南制置發運使　宋史仁宗紀

慶歷四年　三月丙寅遣內侍淮南祠廟祈雨　宋史五行志　夏五月戊寅詔募人納粟振淮南饑　宋史仁宗紀

皇祐三　八月丙戌遣使安撫

年

淮南饑民宋史仁宗紀

淮南淫雨爲災宋史五行志

嘉祐六年

秋七月詔淮南水災差官體量蠲稅宋史仁宗紀

嘉祐七年

五月鍾離縣地生麵宋史五行志本紀作三月壬申濠州鍾離縣地生麵十餘頃民皆取食

英宗治

八月丁巳以上供米

濠壽二州水

平元年　三萬石振宿亳二州水災戶宋史英宗紀

治平四年　閏三月詔海宿等州其選並從中書毋以恩例奏授宋史神宗紀

正月丁巳神宗即位

神宗熙甯四年　夏五月丙子遣使按視宿亳等州災傷仍令修飭武備宋史神宗紀

熙甯五　九月淮南分東西路

宋史五行志

年	宋史神宗紀地理志	
熙甯六年	秋七月己巳詔淮南等路各置鑄錢監宋史神宗紀	淮南饑宋史五行志
熙甯七年	秋八月辛卯詔免淮南來年春夫宋史神宗紀九月戊戌以時雨降詔淮南等路勸民趨耕有因事拘繫者釋之冬十月癸巳以常	自春及夏淮南諸路久旱九月復旱宋史五行志

平米於淮南西路易饑民所掘蝗種宋史神宗紀

熙甯八年

八月詔發運司體實淮南江東兩浙米價州縣所存上供米毋過百萬石減直予民斗錢勿過八十宋史神宗紀

八月淮南等路旱宋史五行志

元豐二

春正月壽州

年	事	祥異
年		甘露降 宋史神宗紀
哲宗元祐八年	八月遣使案視淮南水災 宋史哲宗紀	淮南諸路大水 宋史五行志
元符元年		符離靈璧臨渙蘄虹五縣麥秀兩穗 宋史五行志
徽宗崇甯元年		夏淮南蝗 宋史五行志

年	紀事		附
崇甯四年			五月宿州芝草生宋史五行志
大觀二年			淮南諸路大旱自六月不雨至於十月宋史五行志
政和元年	夏四月丁巳以淮南旱降囚罪一等徒以下釋之宋史徽宗紀		
政和六	八月己丑升壽州為		

年		
年	壽春府宋史徽宗紀	淮南饑宋史五行志
重和元年		
宣和元年		秋淮南旱宋史五行志
宣和二年	二月令所贍給在淮南流民宋史徽宗紀	淮南旱宋史徽宗紀
宣和三年	秋八月曲赦淮南路宋史徽宗紀	
宣和五年	淮南饑遣官振濟宋史	

年

高宗建炎元年

徽宗紀

九月乙酉諜報金人欲犯江浙詔暫駐淮甸冬十月丁巳朔帝登舟幸淮甸十一月眞定軍賊張遇陷池州守臣滕祐棄城遁遇入城縱掠驅強壯以益其軍是月賊丁進圍壽春府守臣康

建炎二年

允之拒卻之丁進詣宗澤軍降宋史高宗紀續綱目春正月王淵招降張遇以所部萬人隸韓世忠軍八月河北京東捉殺使李成叛犯宿州九月丁進復叛寇淮西冬十月劉正彥擊丁進降之杜充

建炎三年 金太宗天會七年

六月命淮南引塘濼開獻滄以阻金兵宋史高宗紀秋九月癸亥賜宿泗州都大提舉使李成軍絹二萬匹成尋復叛宋史高宗紀

決黃河自泗入淮以阻金兵宋史高宗紀

春正月金尼瑪哈入淮陽以騎兵三千取彭城間道趨淮東入泗州續綱目三月平江水賊邵青聚眾剽劫泗州四月劉文舜寇濠州六月王善寇宿州統領王

冠戰敗之宋史高宗紀續綱目

冬十月丁酉金將阿里當堪大臭破宋於壽春府金史太宗紀宋史高宗紀

己亥宋壽春安撫使馬世元以城降金史交聘表

十二月淮西兵馬都監王宗望以濠州降於金宋史高宗紀

建炎四年

夏五月詔中原淮南流寓士人聽所在州

春正月金將阿里布

金天會八年

郡附試宋史高宗紀 置京畿淮南湖北京東西路鎮撫使宋史高宗紀

邑哩頁下太平順昌及濠州四月己亥閈企與宋戰於壽春勝之金史太宗紀 五月金人陷定遠縣宋史高宗紀

紹興元年

金天會九年

三月振淮南流民宋史高宗紀 秋九月己亥以資政殿學士葉夢得為江南東路安撫大使兼壽春等六州宣撫使

夏四月淮賊寇宏犯濠州宋史高宗紀 冬十月王才遣將丁順圍濠州劉光世遣兵攻橫澗山順解圍去十一

淮南民流常州平江府者多殍死宋史五行志

宋史高宗紀

月葉夢得招王才降之宋史高宗紀十二月劉豫遣將王彥充攻壽春府宋史高宗紀

紹興二年

金天會十年

春二月減淮南營田歲租三之二俟三年復舊宋史高宗紀

三月戊戌葉夢得罷以李光爲江東安撫大使兼滁濠等六州

三月知壽春府陳卞及鈐轄陳寶等舉兵復順昌府尋引兵歸爲僞齊所逐并壽春失之宋史高宗紀

秋七月戊寅知廬州

宣撫使 宋史高宗紀

王亨復安豐壽春縣 宋史高宗紀

紹興三年 金天會十一年

三月壬午以韓世忠為淮南東路宣撫使冬十一月省淮南州縣文武官 宋史高宗紀

九月甲戌僞齊王彥先寇徐宿二州冬十月王彥先引兵至北壽春將渡淮劉光世命將為廬濠聲援賊乃還 宋史高宗紀

紹興四年

三月己巳蠲淮南州縣民租一年 宋史高宗紀

春正月詔諸路將帥毋以兩國通使輒弛

金天會十二年	
夏四月蠲淮南州軍上供錢一年 宋史高宗紀 五月甲寅詔淮南師臣兼營田使守令以下兼管營田 宋史高宗紀	邊傳淮南州郡津渡尤愼譏察 宋史高宗紀 夏四月知壽春府羅興叛降僞齊 宋史高宗紀 冬十月壬午僞齊兵犯安豐縣金人圍濠州丙申陷濠州守臣寇宏棄城走乙巳仇悆遣將孫暉擊金人於壽春敗之復霍邱

紹興五年

春正月免淮南官吏去職之辜己未詔減淮南諸州襍犯死辜釋流以下囚乙丑罷淮南茶鹽提刑司置提點兩路公事官一員兼領刑獄茶鹽漕運市易事宋史高宗紀

二月戊戌詔淮南宣

安豐二縣宋史高宗紀

正月金人去濠州庚戌張浚遣統領楊忠閔王進夾擊金人於淮南岸敗之降其將程師回張延壽宋史高宗紀

濠州大旱宋史五行志

撫司撫存淮北來歸官吏軍民夏六月壬子復省淮南州縣冗官冬十一月辛巳復置淮南提舉鹽事官宋史高宗紀

紹興六年 金熙宗天會十四年

夏五月癸未禁淮南州縣收額外雜色租冬十月丁酉裁定淮南路租額宋史高宗紀

秋九月劉豫自起兵三十萬命子麟趣合肥姪猊出渦口引兵分道入寇宋史高宗紀冬

十二月甲午朔詔降廬光濠等州死辠釋流以下四宋史高宗紀

劉麟猊寇濠壽州宋史五行志　十月楊沂中至濠州賊兵攻壽春府朽陂砦守臣孫暉拒戰敗之劉猊犯定遠縣沂中進戰大敗之藕塘猊挺身遁癸丑張俊楊沂中引兵攻壽春府不克而還宋史高宗紀

紹興七年
金熙宗天會十五年

夏四月罷淮南提點司東西兩路各置轉運兼提點刑獄提舉茶鹽常平事宋史高宗紀酈瓊叛奔劉豫九月戊寅以壽春府民遭酈瓊虜掠蠲租一年宋史高宗紀

紹興元年

春正月僞齊知壽州宋超率兵民來歸宋史

金熙宗天眷元年

紹興九年

金熙宗天眷二

紹興十

高宗紀

夏四月壬申移壽春府治淮北舊城宋史高宗紀秋八月己酉復淮南諸州學官乙亥遣前知宿州趙榮知壽州王威俱還金國宋史高宗紀

春正月甲午金宿州守臣趙榮來歸宋史高宗紀三月丙申王倫受地於金得東西南三京壽春宿亳等州宋史高宗紀

閏六月王德攻金人

年	金熙宗天眷三年	於宿州夜破之降其守馬秦 宋史高宗紀 庚子張俊棄亳州引軍還壽州八月丁亥楊沂中自宿州夜襲柳子鎮軍潰遂自壽春府渡淮歸金人屠宿州 宋史高宗紀
紹興十一年		春正月乙卯金人犯淮南饑 宋史五行志 壽春府守臣孫暉統

金熙宗皇統元年

制置仲合兵拒之丁巳壽春陷暉仲棄城去宋史高宗紀二月丁亥楊沂中劉錡大敗兀朮軍於柘皐兀朮走保紫金山宋史紀事本末三月壬寅韓世忠引兵趨壽春癸卯金人圍濠州丁未陷濠州執守臣王進夷其城戊

紹興十一春三月振淮南饑民

申張俊遣楊沂中王德入濠州遇金伏兵敗還己酉韓世忠至濠州不利而退辛亥岳飛次定遠縣金兵退還冬十月金人陷濠州十一月與金人和立盟誓約以淮水中流畫疆宋史高宗紀

三年（金皇統三年）仍禁遏糴秋九月蠲淮南逋欠坊場錢及上供帛宋史高宗紀

紹興十五年（金皇統五年）冬十月蠲安豐軍上供錢米二年宋史高宗紀

紹興十八年（金皇統八年）六月淮南旱宋史高宗紀

年	
紹興二十三年金廢帝貞元元年	夏五月乙卯立淮南諸州舉人解額宋史五行志
紹興二十六年金廢帝正隆元年	三月募四川民佃淮南閑田四月詔淮南占射官田踰二年未盡墾者募人更佃宋史高宗紀

年			
紹興二十七年 金正隆二年	九月蠲淮南積欠內藏錢帛 宋史高宗紀		
紹興二十八年 金正隆三年	春正月遣戶部郎中檢視淮南沙田蘆場 宋史高宗紀		九月淮南水 宋史五行志
紹興三十年	春正月募人墾淮南荒田 宋史高宗紀	八月壬申淮東總管許世安奏金主亮至	

金正隆五年		汴京起重兵五十餘萬屯宿泗州謀來攻宋史高宗紀
紹興三十一年 金正隆六年	春正月庚子禁淮南拘籍戶馬六月聽淮南諸州移治清野秋七月辛卯振給淮南歸正人八月蠲淮南民秋稅之半分處歸正人於淮南諸州能自存者從便願爲兵	九月乙酉詔劉錡王權李顯忠戚方嚴備清河潁河渦河口宋史高宗紀宋史紀事本末作九月庚辰誤是月金主亮自將三十二總管兵伐宋進

者籍之十二月甲子降淮南襍犯死辠以下四宋史高宗紀

自壽春金史廢帝紀十二月金潁壽二州巡檢高顯以壽春府來降王友直等自壽春來歸宋史高宗紀成閔李顯忠等收復兩淮州郡宋史紀事本末

紹興三十二年金世宗大定

閏二月癸未振淮南歸正人宋史高宗紀

春正月己巳金人犯壽春府忠義將劉泰戰死金兵引去宋史高宗紀

六月淮南北郡縣蝗宋史五行志

定二年

孝宗隆興元年

金大定三年

秋七月詔宿州棄軍將佐奪官貶竄有差

宋史孝宗紀

夏四月張浚命李顯忠師師次定遠五月丁酉李顯忠復靈壁縣甲辰顯忠及邵宏淵敗金人於宿州丙午復宿州戮金兵數千人壬子顯忠與金人戰於宿州邵宏淵不援顯忠失利癸丑

金人攻宿州城顯忠大敗之殿前司統制官七人統領官十二人以二將不協而遁宋史孝宗紀金左副元帥赫舍哩志甯復取宿州金史世宗紀甲寅李顯忠邵宏淵至濠州宋史孝宗紀

隆興二

冬十一月詔臺諫侍

冬十月金人陷濠州

七月壽春大

年 金大定四年	從兩省官舉楚廬滁濠四州守臣宋史孝宗紀	宋史孝宗紀
乾道元年 金大定五年	二月癸巳移濠州戍兵於藕塘宋史孝宗紀	水浸城郭壞廬舍圩田軍壘操舟行市者累日人溺死者甚衆宋史五行志
乾道二年 金大定六年紀	八月蠲淮南放歸萬弩手差役二年宋史孝宗紀	

年

乾道三年

八月蠲光濠廬三州壽春府賦一年宋史孝宗紀

金大定七年

乾道五年

金大定九年

乾道七

秋冬不雨淮郡麥種不入宋史五行志

春淮南旱淮

年		
金大定十一年		
淳熙二	九月乙酉振恤淮南	郡薦饑金人運麥於淮北岸易南岸銅鏹斗錢八千江西饑民流光濠安豐間皆效淮人私糴錢爲之耗宋史五行志

年 金大定十五年

水旱州縣宋史孝宗紀

淳熙五年 金大定十八年

淮南旱有事於山川羣望宋史五行志

淳熙七年 金大定十

十一月丁巳禁淮南諸司州郡抑配民酒辛酉蠲兩淮州軍二

淮郡饑宋史五行志

八年

淳熙八年　金大定二十一年

税一年宋史孝宗紀兩淮等路水旱相繼發廩蠲租且使按視民有流入江北者命所在振業之宋史孝宗紀

淮郡旱宋史五行志

淳熙九年　金大定二十二年

春正月丁丑命兩淮戍兵歲一更庚寅詔兩淮旱傷州縣貸民稻種計度不足者貸以樁積錢三月壬辰

七月淮甸大蝗宋史

遣使按視淮南振濟宋史孝宗紀

淳熙十一年 金大定二十四年

二月甲申詔兩淮萬拏手令在家閱習每州許歲上材武者一二人試授以官冬十月壬午詔諸以忠義立廟者兩淮漕臣繕治之宋史孝宗紀

淳熙十

秋七月以淮西屯田

二年 金大定二十五年

鹵莽總領軍帥漕臣守臣奪官有差 宋史孝宗紀

淳熙十四年 金大定二十七年

淮西旱振之 宋史孝宗紀

淳熙十五年 金大定二

五月淮甸大雨水淮水溢廬濠楚州無

十八年 爲安豐高郵盱眙軍皆漂廬舍田稼宋史五行志

淳熙十六年 春正月辛亥罷淮南屯田宋史孝宗紀

金大定二十九下

紹熙二年 春正月庚戌朔命兩淮行義倉法十二月

金章宗明昌二年

庚子復出會子百萬緡收兩淮鐵錢（宋史光宗紀）淮西二月貸民市牛錢（宋史光宗紀）

夏五月安豐軍大水平地三丈餘漂田穄麥皆空（宋史五行志）

紹熙四年 金章宗明昌四年

紹熙五

是歲淮南路水旱振

年 金明昌五年

之仍蠲其賦 宋史甯宗紀

慶元元年 金明昌六年

春正月詔淮南路荒歉諸州收養遺棄小兒 宋史甯宗紀

慶元六年 金章宗承

五月大旱淮郡自春無雨首種不入 宋史

安五年 五行志

開禧元年 金章宗泰和五年

春三月以淮南安撫司所招軍爲強勇軍 宋史甯宗紀

開禧二年 金泰和六年

五月丁亥下詔伐金李汝翼會兵攻宿州敗績癸卯郭倬等還蘄縣金人追而圍之倬執馬軍司統制田

俊邁以與金人乃得免六月李爽攻壽州敗績丁卯田琳復壽春府十月庚戌金布薩揆出潁壽金史交聘表十一月濠州安豐軍及邊屯皆爲金人所破宋史甯宗紀十二月金人自淮南退師留一軍駐濠州宋史甯宗紀

嘉定元年 金泰和八年

十二月辛卯蠲兩淮州軍二稅一年是歲淮東揀刺八千餘人以補鎮江大軍及武鋒軍之闕淮西揀刺二萬六千餘人以為御前定武軍 宋史甯宗紀

六月金人歸濠州 宋史甯宗紀

嘉定二年 金後廢帝

夏四月放廬濠二州忠義軍歸農八月丙戌發米十萬石振兩

嘉定五年 大安元年

淮饑民 宋史甯宗紀

十二月丁丑再蠲濠州租稅一年 宋史甯宗紀

嘉定八年 金後廢帝崇慶元年

安豐軍大旱 宋史五行志

嘉定十年 金宣宗貞祐三年

十一月壬申金人攻

淮郡旱秋不

年		紀事	
一年金宣宗興定二年		安豐軍之黃口灘宋史寧宗紀	雨至於冬宋史五行志
嘉定十二年金興定三年		春正月辛卯金人犯安豐軍建康都統許俊遣將郤之癸巳金人圍安豐軍又圍滁濠光三州自濠州犯和州淮南流民渡江避亂宋史寧宗紀	

年		事
嘉定十三年（金興定四年）		二月庚寅安豐軍故步鎮火燔千餘家死者五十餘人（宋史五行志）
理宗嘉熙二年（元太宗二年）		冬十月史潛言宗子趙時㬠集眞滁豐濠四郡流民十餘萬團結十砦其强壯二萬可籍爲兵（宋史理宗紀）

淳祐元年	淳祐二年	淳祐三
元太宗十三年		元六皇后尼瑪察壬寅年
十一月淮東提刑余玠以舟師解安豐之圍 宋史理宗紀		夏四月丙辰安豐軍
	兩淮蝗 宋史五行志	

年　元六皇后尼瑪察癸卯年

統領陳友直以王家堈戰功與官兩轉宋史理宗紀

淳祐四年　元六皇后尼瑪察甲辰年

六月壬午詔安豐軍策應解壽春圍將士補轉官資有差詔壽春一軍先涉大海擣山東膠密諸州有功今元兵圍城能守城

五月戊午元兵圍壽春府呂文德節制水陸諸軍解圍有功詔赴樞密院稟議發犒錢百萬詣兩淮制司犒師宋史理宗紀

淳祐五年 九六皇后尼瑪察乙巳年

不隳其立功將士皆補轉有差宋史理宗紀

秋元將察罕等率騎三萬與張柔掠淮西攻壽州拔之宋制置趙葵請和乃還元史太宗紀七月呂文德言與元兵戰五河溢口又戰於濠州元兵還宋史理宗紀

淳祐六年

元定宗元年

春王成倪政等帥舟師援安豐軍數戰將士陣亡者衆秋七月己巳呂文德言北兵圍壽春城州師至黃家穴總管孫琦呂文信夏貴等戰龍堽有功詔文德官一轉宋史理宗紀

淳祐八

春二月辛丑趙葵表

年

陳奕譚涓玉王成等戰渦河龜山有勞宋史理宗紀

寶祐五年元定宗三年

五月城荊山置懷遠軍荊山縣宋史理宗紀地理志

寶祐六年元憲宗七年

九月戊辰安豐上戰功宋史理宗紀

年元憲宗八

年

開慶元年　元憲宗九年

十一月丙辰詔選精銳安豐濠州各千五百八赴京聽調遣宋史理宗紀

景定元年　元世祖中統元年

三月甲戌賞夏貴鴻宿州白鹿磯戰功宋史理宗紀

景定三年

冬十月丙子詔安豐

年	六安	
年	六安縣升軍使宋史理宗紀	
元世祖中統三年		
度宗咸淳五年元至元六年	六月庚辰以呂文福爲復州團練使知濠州兼淮西安撫副使宋史度宗紀	
咸淳九年元至元十年	十一月詔從李庭芝請分淮東西制置爲兩司宋史度宗紀	十一月知安豐軍陳萬以舟師自城西大澗口抵正陽城遇北

年

兵力戰詔旌其勞（宋史度宗紀）

咸淳十年（元世祖至元十一年）

六月戊午以銀三萬兩命壽春府措置邊防（宋史度宗紀）

十二月淮西正陽火廬舍鎧仗悉燬（元史五行志）

元　時政　兵事　祥異

世祖至元十七年

夏四月改靈璧縣仍隸宿州十二月宿州

年	靈壁縣復隸歸德元史世祖紀
至元二十年	秋七月丁卯罷淮南淘金司以其戶還民籍元史世祖紀
至元二十一年	春正月丙寅庫庫尼敦言屯田朽陂兵二千布種二千石得粳糯二萬五千石有奇乞增新附軍二千從

之元史世祖紀

至元二十二年

春正月戊子庫庫尼敦齊先有旨遣軍二千屯田芍陂試土之肥磽去秋已收米二萬餘石請增屯士二千人從之元史世祖紀二月詔改江淮江西元帥招討司為上中下萬戶府蒙古漢人新

坿諸軍相參作三十七翼上萬戶宿州蘄縣眞定沂郯益都高郵沿海七翼中萬戶棗陽十字路邳州鄧州杭州懷州孟州眞州八翼下萬戶常州鎭江潁州廬州亳州安慶江陰水軍益都新軍湖州淮安壽春

揚州泰州弩手保甲處州上都新軍黃州安豐松江鎮江水軍建康二十二翼元史世祖紀

至元二十三年　秋七月立淮南洪澤芍陂兩處屯田元史世祖紀

至元二十五年　夏四月省江淮屯田打捕提舉司七所存

三月靈璧虹縣雨雹如雞

安豐等十二所元史世祖紀

至元二十七年

三月放壽穎屯田軍千九百五十九戶爲民夏四月免芍陂屯田租元史世祖紀

卯害麥元史五行志秋七月辛巳雨淮屯田雨雹害稼元史世祖紀

夏四月芍陂屯田霖雨河溢害稼二萬二千四百八十畝有奇元史

世祖紀

至元二十八年 春正月升安豐府爲路降壽春府懷遠軍爲縣懷遠入濠州並隸安豐路元史世祖紀

至元三十年 三月洪澤芍陂屯田舊委四處萬戶詔存其二立民屯二十元史世祖紀

成宗元

秋七月安豐

貞元年			路旱八月安豐路大水元史成宗紀
大德元年	十一月復立芍陂洪澤屯田元史成宗紀		
大德四年			五月徐濠芍陂旱蝗元史成宗紀
大德五年			是歲安豐霖元史成宗紀

大德六年

仁宗延祐元年

六月發軍增墾芍陂屯田九月發廩減價振糶安豐路十二月又發米振之元史仁宗紀

延祐二年

延祐七年

秋七月安豐濠州蝗元史成宗紀

九月安豐路水元史五行志

十二月安豐等處饑元史仁宗紀

春濠州旱元史五行志

四月安豐淮

年

英宗至治元年 二月以鈔二萬五千貫粟五萬石振安豐 元史英宗紀

至治二年 夏四月洪澤芍陂屯田去年旱蝗並免其租 元史英宗紀

水溢損禾麥 元史五行志

二月安豐路饑 元史五行志

閏五月安豐路雨傷稼 元史五行志 是歲芍陂屯田水 元史英宗紀

至治三年

三月戊戌安豐芍陂屯田饑振糧一月元史英宗紀

泰定二年

泰定四年

明宗天歷二年

六月宿州雨水元史五行志

十二月邳宿二州雨水元史五行志

安豐路蝻元史文宗紀

天歷三年

春正月芍陂屯及廬坊軍士饑振糧一月濠州去年旱振糧一月元史文宗紀

正月安豐路饑元史五行志

文宗至順元年

順帝元統元年

春鍾離有蝗食桑民絕蠶事夏兩淮大饑舊府志

至元二年	十一月安豐路饑振糶麥四萬二千四百石元史順帝紀	淮西安豐饑元史五行志
至正四年	十月議修淮河堤堰元史紀事本末	
至正八年	六月丙寅朔升徐州為總管府以邳宿滕嶧四州隸之元史順帝紀	
至正十二年	二月置安東安豐分元帥府元史順帝紀	春二月定遠人郭子興與其黨孫德崖等

至正十三年	
至正十四年	
	起兵濠州冬元將賈魯圍濠太祖與子興力拒之明史太祖紀春賈魯死圍解太祖募兵得七百人濠人徐達湯和等皆往歸焉明史紀事本末五月甲子安豐正陽賊圍廬州冬十月戊戌詔達實巴圖爾及

台哈布哈等會討安豐元史順帝紀秋七月太祖徇定遠定遠張家堡有民兵號驢牌寨孤軍乏食誘降之得壯士三千人又招降秦把頭得八百餘人定遠繆大亨以義兵二萬屯橫澗山太祖命花雲夜襲破之亨

舉衆降 明史紀事本末

至正十五年

十二月癸亥立忠義忠勤萬戶府於宿州 元史順帝紀

至正十九年

八月戊寅察罕特穆爾督諸將攻破汴梁城劉福通奉其僞主韓林兒遁退據安豐 元史順帝紀

至正二

二月張士誠將呂珍

年		事
十三年		破安豐殺劉福通三月辛未太祖自將救安豐珍敗走明史太祖紀
至正二十五年		十一月明兵取泰州時泰州通州高郵淮安徐州宿州泗州濠州安豐諸郡皆張士誠所據元史順帝紀
至正二十六年		夏四月明兵取淮安路徐州宿州濠州泗

州潁州安豐路元史順帝紀

至正二十七年　五月明太祖復徐宿濠泗壽等州及新附地田租三年明史太祖紀

明　時政　兵事　祥異

太祖洪武二年　九月癸卯以臨濠爲中都明史太祖紀

洪武三　六月辛巳徙蘇州松

年　江嘉興湖州杭州民無業者田臨濠給資糧牛種復三年明史太祖紀

洪武四年　春正月庚寅建郊廟於中都八月甲午免中都淮陽田租明史太祖紀中都志

洪武五年　二月癸未臨濠府火明史五行志

洪武八年	夏四月辛卯太祖幸中都冬十月壬子命皇太子諸王講武中都十一月戊子徙山西及眞定民無產者田鳳陽明史太祖紀	冬十月丙子命秦晉燕吳楚齊諸王治兵鳳陽明史太祖紀
洪武十年	五月丙申釋在京及臨濠屯田輸作者明史太祖紀	

志

洪武十六年　春三月丙寅復鳳陽臨淮二縣民繇賦世世無所與明史太祖紀

洪武十九年　六月詔有司存問高年貧民年八十以上月給米五斗酒三斗肉五斤九十以上歲加帛一匹絮一斤有田產者罷給米應天鳳陽富民年八十以

上賜爵社士九十以上鄉士皆與縣官均禮復其家明史太祖紀

惠帝建文四年

三月燕兵攻宿州平安追及於肥河斬其將王眞遇伏敗績宿州陷夏四月庚辰諸將及燕兵大戰於靈壁敗績明史恭閔帝紀

成祖永

鳳陽蠲租一年明史成祖

鳳陽饑明史五行

樂元年

紀

永樂二年

志

四月臨淮大水徙縣於曲陽門外舊府志

六月壽州水決城明史五行志

永樂七年

二月戊子謁鳳陽皇陵明史成祖紀

永樂八年

春正月癸巳免去年鳳陽水灾田租秋七月辛巳振鳳陽饑明史成祖紀

永樂十一年	二月辛未次鳳陽謁皇陵明史成祖紀	
永樂十二年	春正月辛丑發鳳陽民運糧赴宣府明史成祖紀	
永樂十三年	十二月蠲順天蘇州鳳陽浙江湖廣河南山東州縣水旱田租明史成祖紀	鳳陽旱明史五行志
永樂十	冬十月丁丑次鳳陽	河決開封經

四年	祀皇陵明史成祖紀	懷遠由渦河入淮江南通志
永樂二十年		夏秋鳳陽河溢明史五行志
永樂二十一年	夏五月癸未免鳳陽府去年水災田租明史成祖紀	
永樂二十二年		二月壽州衛雨水壞城明史五行志

宣宗宣德九年

二月庚戌振鳳陽饑 明史宣宗紀

英宗正統元年

十一月淮河清一月 舊府志

正統二年

五月淮漲漂居民禾稼 明史五行志

懷遠大雨水入城市 懷遠縣志

正統五

夏鳳陽蝗 明史

年	紀事	災異
年		五行志
正統六年	十一月癸丑免鳳陽府被災稅糧明史英宗紀	夏鳳陽蝗明史五行志
正統七年		五月鳳陽蝗明史五行志
正統十二年		秋鳳陽蝗明史五行志
正統十三年		七月河決滎陽東南經陳留自亳入渦

景帝景泰四年 五月丁丑發淮安倉振鳳陽明史景帝紀

景泰五年

景泰七年

英宗天 冬十月丙辰釋建文

口又經蒙城至懷遠界入淮江南通志

鳳陽饑明史五行志

七月鳳陽大水明史五行志

六月鳳陽大旱蝗明史五行志

順元年	帝幼子文圭及其家屬安置鳳陽明史英宗紀	
天順七年		五月鳳陽大雨腐二麥明史五行志
憲宗成化二年		懷遠大饑人相食懷遠縣志
成化四年		鳳陽饑明史五行志
成化八		七月鳳陽大

年			雨壞皇陵牆垣明史五行志
成化十二年			八月鳳陽大水明史五行志
成化十三年			正月己巳鳳陽臨淮地震有聲明史五行志
成化十四年			八月鳳陽大雨沒城內民居以千計明史

成化十五年
成化十七年

鳳陽旱明史五行志
二月甲寅鳳陽地震明史五行志
六月宿州民張珍妻王氏臍下右側裂生一子明史五行志

年		紀事
成化十九年		鳳陽府饑明史五行志
孝宗宏治六年		懷遠大雪三月饑凍死者甚眾懷遠志
宏治十三年		十月戊申雨京鳳陽同時地震明史五行志
宏治十四年		十月丙辰馬湖底渦江水

白可鑑翌日

濁如泔漿凝

兩岸沙石上

者如土粉十

七日乃澄明史五行志

宏治十

八月庚戌以南京鳳

五年

陽霪雨大風江溢爲

災遣使祭告明史孝宗紀

宏治十

廬鳳洊饑人

七年 相食且發瘧癘以繼之明史五行志

宏治十九年 河決睢州野雞岡由渦河經亳州入淮江南通志懷遠志

武宗正德元年 正月辛丑鳳陽紅光發與日同色聲如

雷七月鳳陽諸府大雨平地水深丈五尺沒居民五百餘家 明史五行志

正德三年

十一月乙未振鳳陽諸府饑 明史武宗紀

廬鳳淮四府饑 明史五行志

正德四年

夏大旱蝗飛蔽日歲大饑

年		事
		八相食舊府志
正德七年		鳳陽旱明史五行志
正德九年		六月甲辰鳳陽府地震有聲是年盧鳳淮陽旱明史五行志
正德十二年		鳳陽大水明史五行志

年		事
正德十三年		鳳陽府饑明史五行志
正德十五年		鳳陽州縣旱明史五行志
世宗嘉靖元年		元旦鳳陽地震夏蝗舊府志秋七月大風雨雹河水泛漲溺死人畜無算明史五行志

年份			紀事
嘉靖二年			正月鳳陽地震明史五行志是年懷遠饑疫人相食懷遠志
嘉靖四年			八月癸卯鳳陽地震聲如雷九月壬申地復震明史五行志
嘉靖六			鳳陽旱明史五行

年　志

嘉靖七年　五月廿七日夜有星隕於宿州其光移時乃滅舊府志

嘉靖八年　鳳陽府饑明史五行志

嘉靖十一年　二月甲戌免廬鳳淮陽被災秋糧明史世宗紀

嘉靖十　設池河演武場在定遠東

四年

嘉靖十八年

嘉靖二十一年

嘉靖三十一年

二十里續文獻通攷

定遠產瑞麥有一莖三四穗者舊府志

正月朔晝晦星見飛鳥歸巢舊府志

二月癸亥鳳陽府地震有聲明史五行志

年代			事件
嘉靖三十二年			鳳陽饑明史五行志
嘉靖三十四年			五月庚子鳳陽大冰雹壞民田舍明史五行志
穆宗隆慶二年			鳳陽大旱明史五行志
隆慶三年			夏大旱秋後乃大雨大水

神宗萬歷元年

萬歷三年　秋八月戊子免淮揚鳳徐被水田租 明史神宗紀

萬歷五年　春正月己酉詔鳳陽淮安力舉營田 明史神宗紀

平地行舟 鳳陽新書

淮鳳二府饑民多爲盜 明史五行志

八月鳳陽大水 明史五行志

萬歷七年 紀

萬歷八年

萬歷九年 夏四月乙卯振蘇松淮南鳳陽徐宿災 明史神宗紀

萬歷十 夏四月戊申以旱詔

五月鳳陽大水 明史五行志

春大雨無麥秋旱無禾 鳳陽新書

歲大饑 舊府志

三年	中外理冤抑釋鳳陽輕犯及禁錮年久罪宗閏九月戊戌振淮鳳災明史神宗紀	
萬歷十四年	九月己未發帑遣使振河南淮鳳災明史神宗紀	
萬歷十七年		春正月至八月不雨淮河竭井泉枯野

萬歷十八年

萬歷二十二年

萬歷二十七年

十一月癸酉振畿輔及鳳陽等處饑 明史神宗

無青草流徒載道 鳳陽新書

南宿州民婦一產七子膚髮紅白黑青各色 明史神宗紀

七月鳳陽大水 明史神宗紀

萬歷三十一年	萬歷三十三年	萬歷四
紀		
五月戊寅鳳陽大雨雹毀皇陵殿脊 明史神宗紀	五月丙申鳳陽大風雨毀皇陵正殿神座 明史神宗紀五行志	鳳陽大饑 明史

十年

萬歷四十五年

熹宗天啟元年

天啟七年

春正月辛未振鳳陽饑明史熹宗紀十一月甲子安置魏忠賢於鳳

五行志

五月甲戌鳳陽府地震乙亥復震明史五行志

春大雪深丈餘舊府志

莊烈帝崇禎六年	崇禎七年
陽明史莊烈帝紀	
鳳陽惡鳥數萬兔頭雞身鼠足俱饌甚肥犯其骨立死明史五行志	八月李樹結實如王瓜形童謠云李樹結如瓜百里

崇禎八年

十二月戊寅城鳳陽 明史莊烈帝紀

春正月流賊高迎祥張獻忠東下燔壽州乘勝陷鳳陽焚皇陵樓殿留守朱國相等戰死壬申徐州援兵至鳳陽張獻忠犯廬

無八家至八年正月十五日遂有流賊之變 舊府志

崇禎九年

州明史莊烈帝紀李自成傳

春正月高迎祥李自成攻滁州盧象昇督師來援戰於朱龍橋賊大敗北攻壽州故御史方震孺堅守折而西入歸德明史李自成傳

鐘樓鐘不擊自鳴舊府志

崇禎十年

五月初九日宿州學宮古

檜吐烟若篆異香襲人舊府志

歲大饑四月大疫舊府志

宿州境內出人面足舊府志

八月明祖陵大殿內有紅白二狸晝見

崇禎十三年

崇禎十四年

二月流賊焚龍亢懷遠縣志

崇禎十五年

崇禎十六年

鳳陽總督高光斗以軍敗逮治明史張獻忠傳

若婦人衣彩迭升神座奉祀官軍捕之不獲舊府志

五月雷劈鼓樓大柱火起舊府志

黃河溢由渦入淮漂沒廬舍舊府志

九月

	崇禎十七年	國朝	世祖章皇帝順治元年 明崇禎十七年
時政		時政	
兵事		兵事	四月明兵部尚書史可法等奉福王由崧監國於南京遂稱帝以可法督師江北鎮
祥異	鳳陽地屢震 明史莊烈帝紀五行志 春雨黑豆冬雨黑雪 舊府志	祥異	正月庚寅朔鳳陽地震 明史莊烈帝紀五行志 懷遠縣產瑞

順治五

七年三月明亡

淮揚時議分江北爲四鎮劉澤淸轄淮海駐淮北經理山東一路高傑轄徐泗駐泗水經理開歸一路劉良佐轄鳳壽駐臨淮經理陳杞一路黄得功轄滁和駐廬州經理光固一路通鑑輯覽

麥一莖雙穗舊府志

秋宿州有蟲

年類小蝻廣翅長眉食禾黍殆盡舊府志

順治六年

六月裁鳳陽巡撫命漕臣吳惟華攝其事東華錄詔蠲免錢糧懷遠志

九月膠州總兵海時行叛直隸山東河南總兵馬光輝剿之時同漕運總督沈文奎自靈璧縣趨永城夾擊縛時行國史名臣馬光輝傳

五月淫雨八晝夜淮水衝臨淮城官廨學舍民居多漂没懷遠城中行舟臨淮志懷遠志秋硤石口

順治八年

禹王廟前土山崩現石版丈許上有篆書鳥跡字如斗大舊府志

二月十五日宿州地震宿州志

臨淮有鳥高二尺許狀如鸞鶩飛食

順治九年

順治十一年

蝗是歲大有年舊府志

河決宿州荊隆口繼以淫雨腐麥傷禾宿州志

冬十月臨淮曲陽門內火燬民舍數百間臨淮志

年	官制	紀事
順治十二年		四月淮漲舊府志　甘露降於壽州壽州志
順治十五年	改臨淮爲小縣裁儒學教諭臨淮志	
順治十六年		春旱夏五月大雨水宿州靈璧無麥禾饑宿州志 靈璧志
順治十	裁鳳陽縣儒學訓導	五月二日靈

年	鳳陽		
七年	鳳陽志		璧雨雹靈璧志
順治十八年			宿州大水定遠民家牛產麒麟舊府志
聖祖仁皇帝康熙元年	鳳陽水照分數蠲銀有差江南通志		
康熙二年	鳳陽水蠲銀有差江南通志		七月河決靈璧吳家堂靈璧

康熙三年

康熙四年

康熙五年

志水灌臨淮城舊臨淮志秋鳳陽水鳳陽縣志夏水灌鳳陽城鳳陽志懷遠雨栗舊府志秋鳳陽水冬臨淮縣署火冊籍無遺

康熙六年

康熙七年

鳳陽志

鳳陽臨淮懷遠蝗蝻爲災

舊府志鳳陽縣志

六月十七日鳳陽地大震七日乃止臨淮靈璧城皆圯懷遠宿州壞民舍傷人

康熙八年

康熙九年

無數是歲水荒舊府志五月鳳翔雨雹霰壁北境深尺許無麥鳳陽志靈璧志夏鳳陽大水二麥無收十二月大雪連旬井泉冰舊府

年	事	災異
		志
康熙十年	發正賦銀振濟鳳陽鳳陽志	夏大旱蝗禾麥皆無人食樹皮鳳陽志
康熙十一年	發粟分振鳳陽停徵九年以前未完錢糧江南通志	二月朔宿州雨木冰宿州志鳳陽旱蝗江南通志
康熙十二年		夏宿州淫雨兩月大饑宿州

年	事	事
		志
康熙十三年	鳳陽蠲免銀米有差鳳陽志	夏靈璧旱蝗河決謝家口宿州決毛城鋪漁麥禾靈璧志宿州志
康熙十四年	鳳陽蠲丁銀有差江南通志	
康熙十五年		三月宿州北蔡里山有虎

年	紀事	
康熙十六年	復設鳳陽縣儒學訓導臨淮縣教諭鳳陽志	
康熙十七年		
康熙十八年	照分數蠲振江南通志	
康熙十九年		

宿州志

河決宿州毛城鋪宿州志

鳳陽大旱舊府志

淮南大饑舊府志

夏鳳陽大雨經旬不止城內水深二尺

舊府志

康熙二十年

夏秋旱舊府志　宿州河決繼以淫雨歲大饑宿州志

康熙二十三年

秋八月河決靈璧謝家口冬麥水漂沖二麥潰死靈璧志

康熙二十四年

康熙二十五年 發鳳陽倉振濟江南通志

康熙二十七年 蠲免二十八年地丁錢糧江南通志

康熙二十八年 豁除積年民欠錢糧江南通志

康熙二

秋七月靈璧大風雨傷稼饑靈璧志

鳳陽府旱江南通志

宿州東蓮池有虎宿州志

秋宿州蝗冬

年		事
十九年		大饑宿州志
康熙三十一年		宿州飛蝗蔽天宿州志
康熙三十二年		夏鳳陽旱江南通志
康熙三十五年		鳳陽大水靈璧平地水深三尺無禾鳳陽志靈璧志
康熙三		宿州河決歲

年	蠲免	災異
十六年		饑宿州志
康熙三十七年	蠲免三十八年地丁銀米江南通志	鳳陽府大水江南通志
康熙三十八年	蠲免三十七年鳳陽未完地丁銀米江南通志	夏宿州蝗雨雹傷麥宿州志
康熙三十九年		夏五月靈璧螣傷麥大雨水宿州河決靈璧志宿州志
康熙四	蠲免四十二年鳳陽	

十一年地丁銀米江南通志

康熙四十三年

康熙四十四年蠲停鳳陽府被災地方銀米江南通志

四月宿州徐文江妻王氏一産三男八月郭梅妻孫氏一産三男官給布粟宿州志

夏秋鳳陽懷遠水災宿州

康熙四十五年 蠲免四十三年以前鳳陽府未完銀米江南通志

康熙四十六年 蠲免四十七年鳳陽地丁銀江南通志

康熙四十七年 蠲免四十八年鳳陽地丁銀江南通志

康熙四

有年鳳陽志 懷遠志 宿州志

秋鳳陽府屬水災江南通志

三月靈璧雨

十八年		土滛雨傷麥四月宿州大雨水暴漲田廬漂没大饑靈璧志宿州志
康熙四十九年		宿州歲豐宿州志
康熙五十一年	蠲免五十二年鳳陽地丁銀其歷年舊欠亦併免徵江南通志	春宿州大旱風霾障天白晝如夜宿州志

康熙五十二年　蠲振有差江南通志

世宗憲皇帝雍正四年

雍正五年

鳳陽懷遠旱饑宿州大有年懷遠志江南通志

黃水溢入宿州傷秋禾宿州志

七月十五日壽州蛟水泛溢沿河人民渰沒者甚衆

雍正六年 蠲免臨淮水災田銀 江南通志

雍正七年 蠲免八年地丁銀 江南通志

壽州志 宿州歲豐 宿州志 九月初七日宿州雨雹大者如卵 宿州志 秋九月毛城鋪黃水入睢漫溢宿州靈璧北鄉 靈璧志 宿州志

雍正八年 靈璧水災蠲振有差 靈璧志

雍正九年 蠲免鳳陽臨淮地丁銀米 江南通志

雍正十年

雍正十一年 蠲靈璧賦 靈璧志

夏六月大雨黃水溢入宿州靈璧縣 宿州志 靈璧志

秋毛城鋪黃水入睢靈璧

雍正十二年
蠲免鳳陽府屬地丁錢糧有差 江南通志

雍正十三年
高宗純皇帝乾隆元年
賜老民老婦絹布米肉有差 江南通志

北鄉田禾被渰 靈璧志
黃水溢入宿州 宿州志
十一月宿州地震 宿州志
夏黃水溢入宿州隄決靈璧麥禾盡渰

宿州志 靈璧志

年			
乾隆三年			鳳陽旱災鳳陽志
乾隆四年			鳳陽水災鳳陽志
乾隆五年			正月戊辰隱賢集東程長六家牛產麟壽州志
乾隆六			宿州水大饑

年	乾隆七年	乾隆八年	乾隆九
宿州志	鳳陽水災鳳陽志宿州淫雨無禾民大饑宿州志	鳳陽旱災鳳陽志十一月朔壽州雷電交作壽州志	鳳陽水災鳳陽

年		志
乾隆十年		鳳陽水災鳳陽志
乾隆十一年		鳳陽水災鳳陽志
乾隆十二年	蠲免鳳陽臨淮地丁銀鳳陽志	
乾隆十三年		鳳陽旱災鳳陽志
乾隆十		鳳陽水災鳳陽

年	事	災異
四年		志
乾隆十五年	賜老民老婦絹布米肉有差鳳陽志	鳳陽水災鳳陽志
乾隆十六年	賜老民老婦綿絹肉米有差鳳陽志	鳳陽旱蝗鳳陽志　壽州旱六七月間東南鄉有狸夜入人臥內撲壓
乾隆十七年		

乾隆十八年	冬裁臨淮縣併入鳳陽縣臨淮知縣縣丞典史儒學教諭訓導皆裁汰鳳陽縣添設

人身或嚙其手足肌膚出血鄉人鳴金伐鼓爆竹達旦連月乃止壽州志

鳳陽水災靈璧自六月雨至於九月黃水漫溢北鄉

主簿巡檢分儒學訓導管臨淮鄉學事鳳陽志

蠲振靈璧被水災民靈璧志

乾隆二十年

築鳳陽府城振靈璧災民鳳陽志 靈璧志

乾隆二

淮復大漲南鄉水深丈餘民房衝塌無算鳳陽志 靈璧志

鳳陽大水靈璧霖雨自二月至於六月歲大饑鳳陽志 靈璧志

春鳳陽大疫

年		
十一年		秋大水鳳陽志
乾隆二十二年		鳳陽大水鳳陽志
乾隆二十五年		鳳陽水災鳳陽志
乾隆二十六年	賜老民老婦綿米肉有差鳳陽志	鳳陽水災鳳陽志
乾隆三十二年		鳳陽水災鳳陽志
乾隆三		旱蝗成災鳳陽

年		
十三年		志
乾隆三十五年		夏蝗宿州志
乾隆三十六年		水旱成災鳳陽志
乾隆三十七年		二月初二日風霾晝晦宿州志
乾隆三十八年內有差鳳陽志	賜老民老婦絹布帛	夏秋大雨宿州志

年	蠲免		災異
乾隆三十九年			鳳陽旱蝗宿州黃水溢鳳陽志宿州志
乾隆四十年			春壽州旱宿州黃水溢壽州志宿州志
乾隆四十三年	蠲免地丁錢糧鳳陽志		秋七月淮黃漫溢鳳陽被淹鳳陽志壽州旱壽州志

乾隆四十五年	蠲免地丁錢糧鳳陽志	壽州大水壽州志
乾隆四十七年		壽州大旱壽州志
乾隆五十年		壽州大水壽州志
乾隆五十一年		宿州黃水溢田廬被淹宿州志
乾隆五十四年		

乾隆五萬壽恩詔蠲免鳳陽
十五年府應徵錢糧鳳陽志

仁宗睿皇帝嘉慶元年　蠲免地丁錢糧鳳陽志

嘉慶四年　豁免乾隆六十年以前積欠錢糧鳳陽志

志

宿州黃水大溢隋隄以北廬舍全沒宿州志

秋大水鳳陽志

宿州饑宿州志

年	上	下
嘉慶七年	壽州旱壽州志	宿州匪徒王潮名作亂知州張鼎都司楊荃把總胡玉皆被戕城遂陷宿州生員秦攀元募勇塞河口賊不得渡巡撫王璧總兵王集盧鳳道珠隆阿討平之舊安徽通志
嘉慶八年		宿州黃水溢宿州志

年	事	事	災
嘉慶九年	詔給宿州籽種並緩徵宿州志		春宿州饑夏蘄水溢睢河坍近各集被災宿州志
嘉慶十年		蒙城教匪李潮士劉茂修樊名揚與宿州匪余連余勇先作亂據亳南工記寺十二月巡撫長齡壽春鎮總兵德成額徐州鎮	宿州旱宿州志

年			
嘉慶十一年		總兵禧明盧鳳道德慶剿平之舊安徽通志	宿州水宿州志
嘉慶十二年			二月十八日宿州黃風飄起樹木有火光夏大旱宿州志
嘉慶十			宿州旱宿州志

四年			夏宿州旱秋睢河水溢宿州志
嘉慶十五年			黃河決宿州北鄉田廬盡沒宿州志
嘉慶十六年	詔振濟宿州災民餬免十六十七兩年錢糧宿州志		宿州雨水傷稼睢河水溢宿州志
嘉慶十七年	詔給宿州災民口糧宿州志		

嘉慶十八年 詔振濟宿州災民蠲免地丁錢糧宿州志

嘉慶十九年 詔給宿州災民口糧蠲免地丁銀米宿州志

黃河決由亳州渦河下注泛溢入宿州境西南各集田廬淹没宿州志

夏壽州大旱壽州志 秋黃水溢入肥河宿州沿河各集

嘉慶二
十年

嘉慶二
十一年　詔給宿州災民口糧
緩徵宿州志

嘉慶二
十二年　詔給宿州災民口糧
緩徵宿州志

嘉慶二　詔振濟宿州災民蠲

禾盡淹沒宿州志
宿州雨水傷
稼宿州志
春夏淫雨宿
州田禾淹沒
宿州志
宿州水宿州志
黃河由蕭縣

漫口下注宿州秋禾淹没宿州志

十三年 免地丁錢糧宿州志

嘉慶二十四年

四月宿州東地下有聲自東北來震動如雷至搖器鳴移時方定踰數日復震宿州志

年	詔	事	災
嘉慶二十五年	詔給宿州災民口糧緩徵宿州志		宿州雨水傷稼閘水泛溢田廬渰沒宿州志
宣宗成皇帝道光元年	詔給宿州災民口糧蠲免地丁銀米宿州志		六月宿州大疫秋淫雨閘水泛溢禾稼被渰宿州志
道光二年	詔給宿州災民口糧蠲免地丁銀米宿州志	七月潁州府逆匪朱鳳閣作亂總兵國勒	宿州雨水傷稼宿州志

道光三年

明阿率壽春鎮兵平之壽州志

宿州歲豐宿州志

道光四年

詔給宿州災民口糧緩徵宿州志

夏六月宿州旱蝗有羣鴉及蝦蟇爭食之殆盡禾苗獲全秋雨復傷稼河溢被

年		事
		渦宿州志
道光五年		春宿州麥苗被蟲齧存者十無二三宿州志
道光六年		五月壽州大風折木秋雨傷稼壽州志
道光十一年		壽州大水秋地震壽州志

道光十二年	道光十三年
六月大水壽州靈璧霖雨平地水深二尺餘秋禾被淹 壽州志 靈璧公牘	春靈璧大饑十月二十三日大雷電大雪平地二尺所種麥凍死

道光十八年

根浮土上靈璧 公牘是年壽州大水壽州志 正陽鎮舟子婦戴氏生子一身二首耳目口鼻悉具壽州志 鳳陽雷電大雨雹鳳陽志是

年	事
	年靈璧五穀豐登麥秀雙岐靈璧公牘
道光二十一年	黃河溢由渦入淮鳳陽志
道光二十四年	壽州大孤堆集木生連理壽州志
道光三十年	黃河溢靈璧北鄉大水靈璧志

文宗顯皇帝咸豐元年

咸豐二年

廬州鳳陽潁州州等府捻匪結黨橫行平定捻匪方略

公牘

壽州宿州靈璧皆大水州縣志

壽州民陶姓家產一羊兩頭八足壽州志

秋宿州桃李華宿州志

咸豐三

春捻匪張落刑等先

靈璧大饑靈璧

年

後詣宿州周天爵營 公牘

投誠 安徽通志

粵匪洪秀全由武昌東竄巡撫周天爵抵宿州募勇赴正陽關是時宿州懷遠蒙城亳州靈璧等處捻匪嘯聚周天爵飭兵勇分捕先後斬獲牛文禮等五百餘人北路

鼎清親督義勇往南路追剿三月丙午卒游擊劉玉豹壽州知州金光筋焚定遠左家店捻巢乙酉擒捻首陸雙齡陸繼恩等進剿壽州甘羅廟癸丑擒捻首陸遐齡及其子陸聚奎陸連元並其黨李邦治等十

二人斬千餘級奪械無算 國史周天爵傳方略
四月甲申粵賊竄定遠之池河驛鳳陽之紅心驛直撲臨淮乙酉臨淮陷乙未鳳陽府縣兩城並陷周天爵督同舉人臧紆青由固鎮懷遠團勦侍郎呂賢基令員外郎

孫家泰帶勇協同總
兵玉山赴鳳陽會剿
丙申臨淮賊回竄滁
州爲琦善派防清流
關之兵所遏勝保亦
由天長盱眙援臨淮
庚子鳳陽之賊趨懷
遠懷遠陷壬寅官軍
復鳳陽府縣兩城周
天爵追賊懷遠癸卯

賊走蒙城方略當粵逆之北擾也四月癸卯定遠土匪黃四鄭三李文藻撲城署知縣郭師泰擒斬之定遠縣志

李嘉端疏十月捻匪張茂撲懷遠城甚急袁甲三遣游擊錢朝舉等馳往與知縣朱鎮會勦一戰破之張茂受

咸豐四年

傷遯 國史袁甲三傳 十二月癸未蒙宿撚匪東竄至靈璧山陽集金光筯率師北來賊退走 沈純嘏靈璧兵火紀略

春六安踞賊犇竄正陽關壽州知州金光筯擊敗之賊續至勇潰退守壽州賊遂竄潁州 壽州志 潁上縣志 鳳臺

撚匪竄擾懷遠袁甲三派游擊李成虎等馳剿斬撚首張詳陳瀛翔李導聲及餘匪百餘方署袁甲三疏時頴亳一帶粵賊縱橫臨淮爲前路要隘袁甲三奏　命馳駐臨淮過賊北竄調刑部郎中李文安扼要防

咸豐五年

蠲免鳳陽臨淮四年應徵錢糧（鳳陽志）

剿甲三子編修袁保恒隨甲三營督隊操演（國史袁甲三傳）夏駐臨淮左副都御史袁甲三罷奉召回京侍衛多慧代將其軍移駐正陽秋署臬司恩錫來代撚匪張落刑復叛踞雉河四出滋擾鳳陽

壽州大雨黑豆夏大旱飛蝗徹天禾稼俱傷（壽州志）

咸豐六年
各屬告急巡撫福濟飭恩錫來援鳳陽志春撚匪夏白任乾團夏四月鳳臺宿州侍衛容照副將靈璧旱蝗鳳陽塔思哈禦卻之張落志靈璧公牘刑犯懷遠上許恩培皖兵略七月撚匪踞臨渙靈璧鳳陽戒嚴冬廬鳳道金光筯敗捻於新橋連城固鎮斬捻首

咸豐七年

謝泳年喬茂柏等三十五人並殲賊黨一千餘人鳳陽志二月粵逆圍壽州金光筋入城固守九日解嚴鳳臺志閏五月金光筋移師赴正陽防劉捻匪中礮舟覆死之鳳陽志

七年春靈璧大饑靈璧公牘夏壽州大水農家一雞四足二足着地二足懸於尾壽州志

咸豐八年

夏四月張落刑由正陽陷懷遠縣五月張漋陷臨淮鳳陽勝保進軍劉府殷家澗上皖兵略十一月鳳陽城賊張漋破塔灣張圩練董張聖堂劉星羅等遇害同時死者七百餘人鳳陽志

秋壽州蝗壽州志

咸豐九

正月張落刑使龔瞎

年

子踞懷遠二月襲逆
由靈璧固鎮渡澮東
竄練總鄭化南帶勇
迎擊遇害同時死者
六百餘人沈純嘏靈璧兵火紀略
六月懷遠捻匪糾
髮逆攻破定遠犯紅
心八月張落刑分黨
踞臨淮關總兵勝家
勝敗之張家溝蘆塘

鳳陽知府秦寀率礮舟至臨淮北岸駛入關口大敗之十月撚匪由懷遠入定遠經劉府至曹家店團司圩竟日火藥盡圩破圩董司文中孫秉乾等遇害同時死者八百餘人鳳陽志是月勝保收復懷遠定遠賊

竄小溪勝保以憂回京　詔授袁甲三欽差大臣關防督辦安徽軍務十一月袁甲三攻賊於臨淮駐軍北岸總兵滕家勝破賊淮北之寨抵臨淮關十二月甲三督副都統穆騰額總兵張得勝進剿南岸

咸豐十年	詔將鳳陽官紳守城功豁免咸豐七八九十等年錢糧鳳陽志
克復臨淮關進兵抵鳳陽城下鳳陽志	正月庚寅賊目鄧正明乞降袁甲三遣總兵張得勝計誘已降復叛之張瀧斬之鄧正明盂僱縛獻僞丞相張先等十四人均伏誅遂復府城縣城未下擒斬僞軍師趙

玉奇乃復縣城四月
袁甲三移師攻定遠
合壽州鳳臺鳳陽各
營勇練團之時張落
刑襲瞎子踞定遠城
未下粵匪陳玉成自
金陵來援八月官軍
退次臨淮粵賊撚匪
合犯鳳陽攻十四日
官軍救至粵賊先退

陳國瑞率郭寶昌等百餘人潛燒賊壘撚匪遂解圍去鳳陽志是月撚匪孫葵心破宿州靈鷲山砦合衆北竄皖上兵略練總苗沛霖陰蓄異志遣黨盤踞懷遠鳳臺等城粵賊陳玉成以撚匪犯壽州十月天長賊送欵

咸豐十一年	
臨淮誘殺知府姜錫恩知縣裴克端三百人袁甲三分兵攻之不克鳳陽志	
春正月庚寅朔苗沛霖叛圍壽州恨壽州城練不附突以千人至北門橋索在籍刑部員外郎孫家泰壽練懼招已革固原副	春正月鳳陽大饑斗米千錢鳳陽志是年鳳陽野豆穞生色黑味甘饑民賴之鳳陽

將徐立壯謀拒沛霖志
接殺城內伏黨七八
沛霖回下蔡襲破徐
立壯圩元旦攻城徽
會各練巡撫翁同書
督總兵慶瑞副將黃
鳴鐸等堵兩河口夏
苗沛霖遣苗天慶丁
潮臣掠靈壁東境皖上兵略
二月丙子粵賊圍

攻靈璧城一晝夜官紳禦之即退是月苗黨張逢科踞靈璧北鄉張家橋圩又破殷寨及趙家樓圩姚廣武率師援剿賊退張家樓圩袁甲三合徐鶴克蒙額等攻復各圩安徽通志八月甲申襲睢子李天燕率大股

穆宗毅

賊攻鎌山集圩破練董趙士型死之同時死者九百餘人鳳陽志九月袁甲三遣侍講袁保恒總兵張得勝攻懷遠以救壽州不克壬子壽州陷皖上兵略十二月袁保恒張得勝克復定遠鳳陽志四月復廬州陳玉成

皇帝同
治元年

輕騎入壽州苗沛霖
執之以獻五月捻匪
破宿州二郎山砦死
者二千三百餘人淮
北民圩不入於撚即
制於苗砦總馬惟敏
喬元功聚衆自保屢
與賊鬬賊銜之圍二
十日水竭合寨痛哭
先殺妻子積柴自焚

同治二年

無一降者六月苗沛霖退下蔡壽州鳳臺懷遠皆致於官皖上兵略

春正月欽差大臣科爾沁博多爾勒噶台親王僧格林沁進剿渦河南北捻巢二月平之張落刑遁回宿州將煽降附各圩圩民李勤邦醉而縛之

報知州英翰械送軍前　詔極刑處死傳首河南山東皖上兵略三月苗沛霖殺潁上知縣濮煒鳳臺知縣蔡錫懷遠典史魏文潮據城復叛遣白旂趙玉華童維翰攻壽州六月壽州陷知州毛維翼死之壽州志

同治三年

十月官軍破苗沛霖於蒙城沛霖伏誅懷遠壽州潁上皆復皖上兵略

十月撚匪張總愚回竄宿亳宿州志

同治四年

蠲免鳳陽臨淮鄉自咸豐十年起至同治三年止民欠錢糧鳳陽志

夏四月兩江總督曾國藩率軍由清江至臨淮巡視府城鳳陽志

臨淮屯兵萬人作一

年			
同治五年	豁免鳳陽同治四五兩年錢糧（鳳陽志）	重鎭防撚匪（曾國藩奏疏）　夏捻匪任柱南竄窺下蔡總兵張得勝擊郤之（鳳陽志）	六月壽州大水城不没者三版田廬淹没人畜溺死無數（壽州志）　壽州大水靈璧大饑（壽州志　靈璧公牘）
同治六年			
同治七年	詔豁免鳳陽錢糧（鳳陽志）		

年	志		
同治八年			四月壽州大風繼以冰雹壞房舍禾稼無數壽州志
同治十一年	詔豁免鳳陽錢糧鳳陽志		
光緒四年			壽州大水公牘
光緒五			靈璧蝗傷稼

年			
年			公牘
光緒九年			五月靈璧大水 公牘
光緒十四年			七月壽州大水 公牘
光緒十五年			六月壽州大水 公牘
光緒二十三年			大水歲饑 公牘
光緒二		十二月渦陽土匪牛	大水歲饑 公牘

年	紀事
十四年	世羞劉疙瘩等樹五色旗聚饑民三萬八作亂破龍山營犯宿州境總督劉坤一檄徐州總兵劉青照合壽春鎮歸德鎮兵討平之牛世羞劉疙瘩等伏誅（總督劉坤一奏疏）
光緒二十五年	春總督劉坤一巡撫鄧華熙奏請發帑銀

數十萬振濟淮北饑民奏案

【光緒】滁州志

（清）熊祖詒纂修

清光緒二十二年（1896）活字本

祥異 兵事附

梁天監十一年新昌郡野蠶成繭

太清二年侯景反襲譙州助防董紹先降之執刺史豐城侯泰

紹泰元年譙州刺史徐紹徽入于齊

唐武德初杜伏威救陳稜白將屯清流見李子通傳

貞觀十二年滁亳二州野蠶成繭十三年滁野蠶成繭

咸通九年龐勛破滁州殺刺史高錫望見康承訓傳

廣明元年七月黃巢陷滁州

初許勍据滁州與楊行密拒戰大順二年孫儒命安景思取滁州

楊行密將李神福逐之遂入吳

周顯德三年周世宗自將伐唐皇甫暉姚鳳退保清流關世宗命宋太祖襲清流關暉等驚走入滁州斷橋自守太祖麾兵涉水直抵城下擊暉擒之并擒鳳遂克滁州

趙贊傳安撫滁和之間與吳人戰于石潭敗之淮南平

宋乾德二年大疫牛畜死者甚衆

祥符七年榷酒署内禾莖三穗

慶歷五年大雪

歐陽修永陽大雪詩

清流關前一尺雪鳥飛不渡人行絶冰連一作𨒥谿谷麋鹿死風

勁野田桑柘折江淮卑濕殊北地歲不苦寒常疫癘老農自言身七十曾見此雪纔三四新陽漸動愛日輝微和習習東風吹一尺雪幾尺泥泥深麥苗春始肥老農爾豈知帝力聽我歌此豐年詩

嘉祐三年麥一莖五穗

元祐七年春至夏不雨冬有芝二百餘本產於東嶽行宮八年地震

靖康四年北兵陷定遠時羣盜王鎮等至滁殘掠

建炎三年盜李成陷滁州殺安撫向子伋縱火大掠民受殲時金

烏珠分兵由滁和渡江與戚合戚壽引兵至淮西四年十月壬善

餘黨祝友擁衆爲亂屯滁州龔家城十一月祝友渡江

紹興二年五月旱

紹興四年冬十月金人犯滁州十一月滁州陷鎭撫使劉光世使

統制王德擊金人於桑根山敗之十二月癸卯金人去

紹興三十一年金主亮南侵屯重兵滁河造三牐儲水深數尺秋

九月金將蕭琦陷滁州守臣陸廉棄城走

隆興二年十一月金人陷滁州

淳熙二年夏四月旱民饑五年冬無麥苗

淳熙十年有熊虎同入樵民舍自相搏死 五行志

紹熙五年淮右大旱滁爲甚人食草木 五行志

開禧二年十二月金赫舍哩子仁陷滁州

嘉定四年三月火燔民居甚多

嘉定十一年春二月金將乾石烈牙吾塔敗我師於滁斬首千餘

拔小江寨斬首萬餘人又拔嘉平寨斬首數千

嘉定十二年三月金人自盱眙軍犯滁州之全椒來安淮東提刑

賈涉遣忠義都統制陳孝忠向滁州追金兵

嘉定十七年金主遣尚書令史李唐英至滁州通好

寶慶元年大水 見本紀

端平三年元兵來攻滁州都統制趙邦永援之以功推賞

嘉熙三年宗子趙時㬬集眞滁豐濠四郡流民團結十七砦吳潛言宜補官從之

淯祐二年秋七月蒙古兵渡淮入揚滁和州

德祐元年三月知州王應龍以城降元

元史聳彥暉傳職滁州率浮渾脫者十八人夜渡池水入欄馬牆殺守軍三鋪焚其東南角排寨木簾大軍繼之比明拔其城

開慶元年水

元至正十二年明太祖攻陷滁州十三年秋七月大旱
元史楊樸傳行省參政也先總兵於滁不理軍事惟縱飲至暮
城門不鑰寇入縱火猶張燭揮樸急踰城走
至正十四年丞相托克托分兵攻滁明祖設伏誘敗之
明洪武元年免滁和被災田租四年又免
宣德六年大饑
成化二十三年大旱冬大寒雨彌月
弘治六年冬大寒彌月雨鳥獸餓死牛馬皆縮如蝟室廬圮壞民
有凍死者

正德二年春大饑

嘉靖元年秋七月大風發屋二年秋大旱民流離餓死無算三年春大厲死者相枕藉七年冬白氣亘天如練八年蝗自西北來蔽天日丘陵墳衍如沸所至禾黍輒盡男婦奔號蔽野

十四年州西諸山夜鳴如雷

十五年大旱冬十二月初五日夜大雷電

三十八年夏大水圩盡破

萬歷十四年夏大水

十八年春大饑米價湧貴請發大賑

四十三年六月十六日大雨連晝夜洪水暴漲溺死男婦近千

四十五年蝗旱交作流殍載道

四十六年秋斗米銀三分

天啟七年大旱

崇禎八年闖賊來犯滁州九年正月盧象昇來援大敗賊於朱龍

橋河水為赤

十三年大旱

十四年疫癘盛行

國朝順治八年大旱米升值錢七十

九年大旱自四月至六月不雨

康熙四年六月初八日大風破屋拔樹

六年六月十三日迅雷擊死城中一人

七年五月十五日虎近東城傷人六月十七日地震民間房屋傾圮無數

十年夏旱蝗

十一年夏蝗蝻生郡守余國楨令民捕之納蝗一石給米三升蝗勢頓殺

咸豐三年四月粵逆楊秀清遣賊將林鳳翔羅大綱由金陵北渡

分犯六合滁州期會臨淮并力北竄初七日二賊率眾數萬渡江至浦口初八日鳳翔向六合大綱向滁州初九日天明陷滁午後恐西竄先一日守城勇丁二百人聞風潰遁知州潘忠燮具衣冠欲以身殉家人擁避北鄉賊去數日返署俄傳賊又至復走得暴疾卒於豐樂亭鳳翔至六合浮橋西勇目雷公八武舉夏定邦渡橋迎擊公八戰沒邦定不支忽賊隊中火起衣皆自焚大驚遁回金陵土人僉云火神助陣也大綱在臨淮待鳳翔不至擁眾回竄十九日日中抵清流關下適琦善由揚州派勝保追賊馳抵關上所部三千皆吉林馬隊登高注下矢射如雨賊大敗退奔池河是

役也滁人逃歸者云賊至池河大哭謂山上見一黑衣人高數丈左右指揮矢無虛發至有一矢穿兩賊者士人亦云關帝遣周將軍助陣也蓋關上有廟聖像於初九日爲賊所污廟亦焚毁云

四年欽差大臣袁甲三奏遣參將吉連扼關山盧鳳道張光第赴滁河集團十月張光第自烏衣鎮會軍烏江

六年八月來安石固山棚民葛高培遥奉僞天王令聚黨數千襲來安縣城十三日知縣董令告急知州陳麒昌檄勇弁蕭誠率衆往勦十四日誠由北門向來安麒昌帥勇弁禹文華等由東門向來安誠抵黄泥崗適大股賊至誠迎擊以火毬抛入賊陣賊大驚

亂誠縱兵擊之斬馘甚衆賊遁回山中日暮誠抵來安麒昌亦至

十五日爲中秋節麒昌以董令犒軍太簿相齟齬午後帥衆逕歸

是夜賊陷來安大掠復入山中九月巡撫福濟調軍會在籍知府

吳棠六合縣温葆元並麒昌等合勦十月平之是歲大旱蝗

七年冬豐山鳴

八年三月二十八日髮逆由和州破全椒陷滁州踞之知州蔣翰

英棄城夜遁滁州衛馬步衢挾弓矢逐賊遇害於署東筆架山四

月初一日賊分黨陷來安在籍道員吳棠集回勇民團屯於下吳

二十一日親督蕭誠文漢升李貫馬芝等攻城賊設伏城北竹林

中渡河迎拒戰於陳家灣北漢升等奮擊斃紅衣賊目一人頗有殺傷賊伏發民團驚走漢升等不支皆没於陣誠受重傷奪賊騎斷後退屯黄泥崗民勇死者千餘人五月初一日李兆受由金陵帥衆入滁遣賊將董占品踞來安前陷滁之賊悉去是月勝保至清流關與兆受約降兆受輕騎往受約六月兆受犯黄泥崗吴棠退守三界七月兆受犯三界棠退入盱眙九月兆受剃髮寸餘降賜名世忠責令鄉民獻糧於城濠外驅民增濬濠溝二道寬深丈餘晝夜催促供役者多被殺

九年六月髮逆陳玉成陷天長約西捻合圍滁州世忠於附城東

西築二營堅守不敢出戰賊亦不敢薄世忠陰與西捻通閱三月不克解去鄉民逃亡及被虜者陸續囘歸時秋禾盡偃稻落田中民賴以食世忠慮賊復至爲清野計縱兵四掠鄉民餘糧悉虜入城村舍全燒嚴冬之際無食無居民皆凍餓以死盱定滁來四界之內白骨遍地蒿萊成林絕無人煙者四載有餘滁人至今相傳清野虜糧謂之絕命糧云

十年二月烏衣賊目撲滁州來安守將李元忠赴援與李世忠夾擊破之閏三月丙申賊圍滁李世忠遣兵攻之不克把總李世恒陣亡戊戌賊於七里岡五里墩築三十餘壘李世忠悉銳攻破圍

解其七月李世忠設壇祭陣亡將士天大風不能成禮人以爲天譴之云

十一年粤逆由和州竄滁袁甲三檄李世忠擊敗之

同治三年四月李世忠將所部豫勝營遣散退出滁州

石公賑荒錄　龔維蕃

紹熙五年歲在甲寅淮右大旱滁爲甚會稽石公宗昭初自校書郎出典州事預謀荒政前期檄屬縣校公私之儲積令存私家合用之數而以其贏籍於官度猶不給亟請於朝乞發常平粟并撥椿積錢糴米麥乃以合郡上下分爲九等凡有儲蓄若

營運者與爲二等客者皆勿與其有田而無收及有業而不能營者則錄其戶口而給之其餘工術技藝往來負販與夫民田租戶官田佃客凡有所依而不自贍者則計口給劵日糴於官鰥寡孤獨癃老廢疾者濟之人受粟二升幼者減半量地遠近與民之衆寡置給粟之所凡八十四富人之義粟具籍於官者則計其幾何勸以就糴凡糴若糶各書於歷時取而稽考之視民食之緩急而先後其出給之期選上戶信實者掌出納委學職往來督察之豐其資給校其所耗下至搬運脚乘紙扎貫索皆優給其直凡貸若濟者則并給慮其往來之宂費也凡糴者

皆日給懽其冒請而濫給也檢柅欺弊獎勞能郡士之被選委者手書酒炙之饋日至其主糴上戶預給照據量免差役民以公事至庭必宛轉諮諏諸場之孰整孰惰動息必知之取其尤者各一人加賞罰而勸懲焉諭以禍福感以信義功過畢知大小競勸民有冒憲非故犯願出粟自贖者令各縣拘籍候糶畢照免又擇吏胥之勤幹者發舟運鏹告糴於他郡其民居僻阻饋給勞費則募土豪借糴本令便宜貿易以賙給之期償於來歲凡道途邸舍皆貯粟以備商旅之需棄男女者人得收養仁聲旁洽流民輻輳郡治薦罹傚擾廳事未建乃鳩工度材儆民

就役計日酬傭視常時加厚凡木石竹葦土瓦之求鬻者雖至微必優其價衆爭趨之由是服役於官者皆仰以贍給而負販者因得爲後繼其𤸇老羸弱者處於僧廬爲糜以食之令無失所疾病者濟以醫藥時躬造焉察其寒饑公智慮精詳局量寬和而待人一以誠實舉措不惜小費而亦未嘗妄施合饑民及流徙而至者凡數萬背冬涉春無一人凍餒者明年三月後太守朱公皆至公又條其綱目與夫合蠲合拘之數面授而丁甯之詔趨見公乃行民知其不可留扶攜祖送攀轅涕泣出疆猶不已繪其像欲立祠公弗許且屬後政力止之朝廷第政滁爲

最至今居民道其事則舉首加額曰更生之賜也天災流行世
所不免長民者克盡其心則拯饑濟阨於是乎在然世固有心
雖切於愛民而才不足以集事事雖行於一時而法不足以傳
後則移民移粟徒爲紛擾惟公心乎爲民因事立法纖悉委曲
無一不盡成效大驗可誦而傳視趙清獻之於越功績與齊而
力倍之維藩昔寓濡須凡人士經從具道公美或吃吃不去口
以爲古之傳循吏者疑所言或過今視公所爲與民愛慕益信
不虛其後公乘淮傳維藩以屬吏贅幕下覩公之設施益詳越
三年而公卽世又踰年維藩來爲滁掾流風遺愛談者籍籍感

其患至有泣下者旣又考之故牘備究本末以爲事雖旣往而科條節目皆可垂之永久異時承流宣化者不幸而遇歲之歉採其已試而施行之其爲力豈不易而其惠不亦久且大乎故備述之不侈詞以没其實質之邦人可無愧焉

驅蝗報祭文

戴瑞卿

惟壘子墩有蝗棲畝余不辭胼胝亟赴社方甫越宿而蝗已屏竄無遺矣豈衆孽亦靈異之物可祭遣而不可力勦者耶要以蝗來天災也牧失政也故來以示警蝗去天祥也衆無辜也故去以示仁夫以警始而以仁終斯冥冥之中所爲不爽者余實

藉民之力以徼神之庥其又敢忘神之貺而不爲民一申報獻

願神其默垂蔭佑俾我民永無後災

（清）張宗泰纂

【嘉慶】備修天長縣志稿

民國二十三年（1934）劉增齡補輯鉛印本

備修天長縣志稿卷九下

修職郎安徽直隸泗州天長縣教諭　覃恩加二級張宗泰撰

災異

歷代史各有五行志府州縣志則不備然或曰災祥或曰紀異亦其例也而災異莫切于水旱饑饉天長西南接滁來六合諸山大抵憂水者十之七憂旱者十之三緣諸山之水以東北大湖爲歸每盛夏霪雨山水盈溢河側田畝多被浸沒舊志所載自明以來凡所書大水率多是故然民氣懈惰塘壩不修素無蓄水之法高岡之田又未嘗不賴是以獲有收況其時高堰一帶黃流順軌湖少泛漲自乾隆六年以後凡濱湖之田雖逢山水驟發而湖之寬深足以泄之故亦不虞盈甯之告近年以來下流之湖今昔異勢

頻年沐

聖主軫念築隄疏泄並行猶時憂泛溢曩之膏腴今皆澤國上流又以愆陽之故偏災時告幾於旱潦兼憂備而志之庶制國用者有以籌三十年之通乎舊志所載除誤引外間附一二他事亦昔所謂五行之沴者今俱仍之康熙十一年以後事闕兩甲子文案闕如中乾隆二十二年至四十九年尤多挂漏則本王孝廉朝幹所記編次統俟後之考證增補云

宋雍熙二年四月天長軍蝝蟲食苗 宋史

嘉泰四年六月盱眙軍天長縣禁旅戍壘火鎧械爲盡 文獻通考

明永樂九年正月高郵甓社等九湖及天長諸水暴漲 明史五行志

成化元年歲大饑

十八年秋八月雨雹禾盡落是歲饑

宏治六年大雨雪九月至次年正月

十六年歲大饑民相食

正德七年秋大水是年秦欄民高鼎之牛產一角獸殺之

八年大水

十二年水冰皆成竹樹花草

十四年大水

嘉靖元年秋七月海溢大風拔木鳥獸多死

二年自正月至六月不雨七月雨至於九月歲歉人相食

三年春大疫

十年歲饑

十八年冬十二月十八日雨水冰百木皆折

二十三年歲大饑

二十四年歲又大饑

二十七年自正月至五月不雨六月雨歲有成舊志十五月誤作十五日今以文義正之

三十四年歲大水

三十八年歲大饑民間子女多鬻他郡

四十三年歲大水漂沿河居民房屋無算

四十五年 月 日龍岡地震有聲

萬歷十三年八月地震屋宇動搖有聲

十四年夏大水漂沒民廬無算

十六年歲大疫死者枕藉

十七年歲大饑民多就食他郡
十八年夏大水至九月不雨歲無成
二十二年　雨黑水叉雨小黑豆
二十四年閏八月雹如彈晚禾盡落飛鳥有死者
三十年正月雨雪自初二日經旬不止
三十六年秋八月夜天有聲如水決
三十八年七月二十六日夜天北星動移時
四十二年春夏無雨饑
四十三年夏六月大水沒民廬無算秋旱歲大歉
四十四年自四月至八月不雨禾菽枯死蝗生民多逃亡
四十五年自二月至八月不雨蝗復生五月十三日謠驚百姓奔

亂信宿乃定

四十六年夏大水沒沿河居民房屋

四十七年自春至六月不雨

天啓四年大旱蝗蝻蔽天

五年又旱蝗生更甚草亦不生

崇禎二年大旱米薪不給民多逃竄

十三年十四年大旱人民相食山出石麪居民和榆屑食之後皆腫死

十五年夏大疫死者枕藉

十六年春雨黑豆冬雨黑雪

國朝順治六年夏大水居民漂没

八年九年大旱

十七年大雨雹

康熙四年至九年俱大水濱水居民漂沒無算是年大吏入

告蠲免國課十分之三

七年六月十七日地動有聲是年地生白毛可爲筆

十年大旱自三月不雨至九月飛蝗蔽天人民相食子女盡鬻奉

旨發帑卹蠲有差知縣江映鯤立廠賑粥全活甚衆

十一年飛蝗入境不爲災大吏

奏請停徵

十七年大旱民饑

十八年大旱湖水皆涸民大饑人相食

十九年夏大疫死者枕藉麥秀雙歧而入鮮收者秋大水有年
三十五年大水
四十九年大旱歲饑
四十六年大旱歲饑
五十三年大旱歲饑
五十五年大旱歲饑
五十六年旱饑
六十一年正月天鼓有聲
雍正元年正月雨蕎麥秋大旱飛蝗蔽天小饑是年秦欄王氏女
九歲化爲男
二年三月旱宿蝗生蝻食禾秧大雨殺蝻苗盛倍於初秋小有年

五年四月初三日大雨雹傷麥秋大水
乾隆三年大旱歲饑
四年麥秀三歧秋大熟
六年七月大雨自十九日至二十二日山水大漲縣四門水高丈
餘城幾壞四方漂沒廬舍死者甚衆
七年大水瀕水者饑
十三年旱
十六年春夏秋皆旱歲小饑
二十年大水
二十一年大水春穀昂貴大疫有棄尸者野多遺孩知縣鄧承齊
多方勸賑人賴以生

二十九年五月十七日日加未地震是年地生毛黑者如猪鬣白者似羊毫

三十三年夏旱蝗秋有蜚江淮間訛言射工傷人

三十四年有妖截人髮

三十六年冬横山裂約長里許

三十七年夏小旱

四十年訛言有妖剪雞尾卵生蟲自淮東西無敢食雞者

四十八年大蝗

五十年大旱陶田顆粒無收蒙

恩普賑至次年　月　謹按

本朝凡遇偏災大吏入告無不核照分數其成災者予賑外卹助不成災亦有緩征借貸以續諸

恩是年以前至康熙十二年文案闕如俟博考移恭錄以昭
曠典

五十一年霪雨四門皆水圩田被浸蒙

恩給賑如前

五十六年夏雨山圩被浸蒙

恩次年春凡被水之區賞給口糧一月

五十七年夏小旱

五十八年夏雨山圩被浸

嘉慶元年夏數雨低田間不登次年春蒙

恩借給籽種口糧

二年夏小旱

五年五月十五日小河口農人被震

七年五月二十四日雷震筆峯樓後梁夏小旱高田間不登太吏

奏歉收之田緩征

十年湖水異漲東北一帶圩田被浸大吏

奏准緩征蒙

恩賞給口糧一月

十一年湖水仍溢高田小旱不登大吏

奏准被旱之區緩征八月初五日子丑之交地震停刻又震皆微

冬煖無雪不冰

十二年夏旱秧豆俱死六月七日雷震揚州走信人于巨家灣二

十七日雨至七月二日補插晚禾不及又以雨大蕎麥不能遍種

高低田俱有一不登九月初十日雨雹傷蕎麥十一月初十日嚴霜

殺蔬大饉蒙

恩賞給金家集等十二鎭本年冬次年春口糧各一月其餘照分

數剔鎭緩征

十三年二月二十五日時加卯雷震東門民家簷柱五月十二日

西南鄉雨雹大者如卵傷麥二十五日湖水大漲城門鄉等鎭田

廬俱被淹成災五分蒙

恩賞給十六鎭本年冬次年春口糧各一月錢漕緩征

十四年三月十六日西南鄉雨雹夏蝗有翅不飛多食蘆草而死

不爲災秋旱四境歉收蒙

恩錢漕緩征秦欄等三十三鎭

賞給本年冬次年春口糧各一月冬大寒河氷有紋成樹木形大者

數尺小者尺餘根杪
停勻儘盡上之能

十五年三月十二日降雹由北而東馬汊河等鎮最鉅夏旱蠲

恩賞給秦欄等三十三鎮本年冬次年春口糧各一月十月城門

鄉等鎮湖水溢

十六年秋旱高田歉收蠲

恩賞給秦欄等三十三鎮本年冬次年春口糧各一月

（清）符鴻、劉廷槐修　（清）歐陽泉、戴宗炬纂

【道光】來安縣志

清道光十年（1830）刻本

附祥異照舊志例自前明始

明宣德四年騶虞產於縣北石囤山

成化元年大饑

十八年八月雨雹禾盡落歲饑

宏治六年九月至次年正月大雨雪

十五年大饑

正德七年大水

十四年大水

嘉靖元年秋七月大風拔木鳥雀多死

二年正月至六月旱禾盡槁七月至九月大雨潦歲大

祲人相食

三年春大疫死者無算

六年至十二年旱蝗相仍人多饑死

十七年春旱

二十年十二月十八日雨水林木盡折

二十三年春至秋不雨民食草子樹皮

二十四年饑

三十三年饑

三十四年夏蝗秋螽害稼

三十七年正月官馬生駒兩首

三十八年旱

四十三年旱

四十四年大水

四十五年秋旱

隆慶元年五月旱

二年春正月朔暴風夏旱十月虹見

三年閏六月六日雹秋潦暴風禾稼摇落

五年歲大稔榖有雙米者

六年饑

萬歷十年十月大風拔木

十一年旱蝗

十三年二月地震

十五年旱

十六年春穀貴大疫

十七年旱

十八年旱

三十八年旱蝗

四十三年六月大水

四十四年夏旱飛蝗蔽天

四十五年夏大旱秋細雨連棉蕎麥菉豆盡爛歲大饑

四十六年螽忽自滅有年

天啟元年十二月地震

崇禎十六年地屢震雷後飛灰如墨李生黃瓜

國朝順治九年大饑

康熙七年六月十七日戌時地震

十年自夏五月不雨至於秋九月螽蝝並作

十一年秋旱舊志誤今據通志改詳蠲賑

十三年旱蝗

十七年旱蝗

十八年旱蝗頻仍

十九年大有年

二十三年秋大旱

二十八年秋旱

三十二年大水

四十六年秋大旱

四十九年四月八日獨山水雹數十里二麥俱傷六七月飛蝗迭至

五十三年秋大旱多蝗蝻

五十四年大有年案此年所記有誤詳拾遺

五十五年大旱

雍正元年夏旱

五年秋大熟

九年四月二十二日夜地震六月大雨潦下田災

十年大有年

十二年六月大雨潦下田災

乾隆三年旱災

四年麥秀兩歧秋大熟

六年七月大霖雨四日山水暴漲練寺山蛟發壞民宅

二十年夏地震

二十一年春穀貴大疫

二十五年大有年

三十三年夏旱秋有蜚江淮間訛言射工傷人

三十四年十二月二十日辰時地震

三十五年蝗

三十六年旱

四十年旱訛言有妖剪雞尾卵生蟲

四十三年旱

五十年大旱自冬及次春餓殍相望於道繼以大疫

五十一年麥大稔六月大水圩田災

五十三年有年

嘉慶三年二月雷震魁星閣災

九年正月雨雪雷震

十六年旱

十九年大旱饑

道光元年秋黑痧疫遍江淮中者多暴死

三年秋大水圩破

六年自五月至八月霖雨大水圩破山田稻大熟

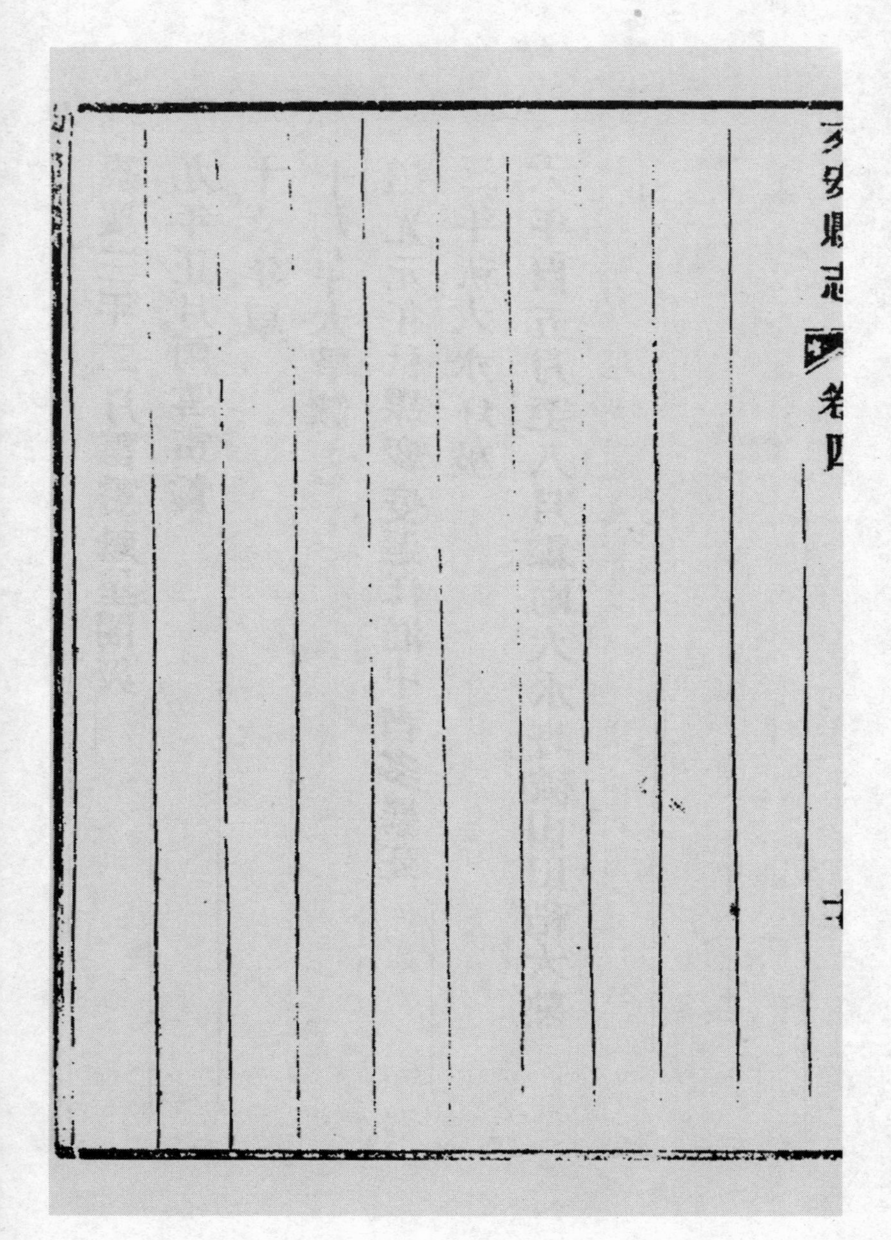

【民國】全椒縣志

張其濬修　江克讓、汪文鼎纂

民國九年（1920）活字本

雜志

雜志一綱本無統紀今以天時人事有關於休咎之徵應者爲祥異以遺聞軼事有資於今昔之考訂者爲摭拾康熙一志刻本僅存所有凡例亟宜採之庶以知其概畧其歷年重脩各志書已散亡幸序文猶賡續迭載亦宜備錄以觀其因革損益之舊至他志或有考異志餘等目玆葢不取

祥異

漢元帝時臨滁地涌六里崇二丈所見路史餘論息壤篇

後漢永平八年十月壬寅晦日有食之在斗十一度爲椒分

野

宋元嘉九年正月白鹿見南譙二縣豫州刺史長沙王義欣以聞見宋書

唐貞觀十二年野蠶成繭次年復然

垂拱元年秋七月地生毛

乾符九年秋大饑遣使巡撫淮南

長慶七年大水害稼

宋熙寧六年旱七年八年淮南諸路久旱民捕蝗爲食

元豐七年大旱

元祐七年芝草生

政和元年旱
淳熙二年江東兩淮饑滁眞揚州爲甚
五年冬無麥兩淮江東郡國皆饑廬滁和州爲甚人食草木
九年夏秋大蝗害稼令所在捕除
紹熙五年大旱
嘉定二年春大饑斗米錢數千人食道殣
十六年夏大水無麥禾
景定五年六月飛蝗集食禾豆
大德二年蝗
至正八年江淮蘆荻多爲旗鎗人馬狀節間折開有紅暈成

天下太平四字

明正統初有江右人寓於椒家犬哺猫邑人黄鈍庵爲之説

後猫犬同期而育猫母斃遺其子四犬母憐之啣置於棲乳

護之

景泰元年大水

成化二十三年大旱

弘治元年詔庶民八十以上者咸予冠帶以示尊老之意邑

有魯宗韓福通沈元清王海四耆民皆八十以上同日被詔

冠帶相望一時稱盛

正德三年大旱

十三年大水

嘉靖二年大旱民饑疫死積尸滿野

八年蝗禾稼草木食盡

十六年夏大水决圩堤田盡没民多溺死

二十一年赤石埠農人戚敏剛壽九十二歲子賢得之甚晚命讀書成名累受封典賢告歸後七年敏剛始卒子思庵後壽亦至九十父子大耋人傳以爲瑞見王龍溪集

二十九年三月驟雨雹雷電交作自西南來廣三十里許當者屋多摧倒草木如焚

三十六年芝草繁生鄰封皆取於椒以應上供

三十七年七月大水街深數尺可舟人民没死甚衆

三十八年大旱

隆慶四年大旱

萬歷十四年五月大水其年白鶴來巢歲稔

十六年大有年禾一莖三穗

十七年大旱

十八年大疫

四十三年夏六月大水漂没廬舍民多溺死縣令吴羽文加意撫卹民賴以安

四十四年夏五月訛傳冠至男婦驚竄吴羽文率典史步行

四門安諭民乃定江淮皆然甚有自相格鬭者冬十月白氣見牛女間貫於斗口夜見東南長十餘丈兩月始沒

四十五年大旱蝗

四十六年大有年白鶴復巢於縣圃

四十七年旱

泰昌元年秋七月大水

天啟五年春正月大雨沙下旬大風起三四日不止飛沙蔽日

七年冬大雨雪百鳥皆凍死

崇禎三年夏六月大雨雹禾稼盡損

四年冬雨着草樹悉凍結成鎗戟形

六年秋有怪鳥來類黃雀啄麥甲殆盡人食之喑啞即死自鳳陽而南所到飛必至

八年春正月流寇自鳳陽入境欲引兵攻城忽大霧障蔽無所見人馬自相踐踏而西南晴爽如故乃啟而之西

十三年大旱蝗飛蔽天而下縣令洪孟纘拜禱稍減去秋大饑民食草木復掘爛石名觀音粉食者多病死

十四年旱升米銀四分有攫人於市聚眾焚刼者洪孟纘擒治之

十七年冬久雪民多凍餒死

清順治二年冬十月日食既晝晦恒星皆見

四年夏四月地震

六年冬有虎見大墅街爲居民所獲聞於官

七年夏六月大雨雹雷電交作其地計從十里衡三里皆被雹大者如碓小者如雞鴨卵官民田穀傷盡無籽粒存冬十月日食既恒星見有光

九年春二月望日地大震秋九月六日星隕有聲

十年大旱

十一年元日雪地震夏六月大旱颶風作屋瓦皆飛大木拔

十二年夏六月多狼九月雷電有雹大旱冬十二月十八日

龍鬬於西鄙慶家灣

十四年冬十月地小震

十五年秋九月大水連雨十七日田禾盡沒

康熙三年秋七月彗星見經冬乃息

四年春彗星見

六年旱蝗

七年夏六月十七日地大震越數日地小震冬有虎見華嚴庵平塘等處縣令藍學鑑捕之虎西北渡去

九年夏五月雷震大風拔木六月大水河有水怪形似獸水勢騰湧藍學鑑作文禱於城隍神怪遂滅

十年夏大旱監學鑑日率紳衿步禱二十餘日始得雨秋七月飛蝗蔽天禾苗殆盡民大饑

十一年夏蝗蝻生

乾隆三十三年大旱

五十一年夏大旱秋大水

嘉慶十九年大旱

道光三年蛟水大發壞田廬無算

十四年監生江啟鏈妻夏氏壽百歲五世同堂親見七世建坊

十八年大有年

二十二年鄉民楊殿元六世同居一門丁口六十餘人和睦無間縣令鈕福疇爲請旌建坊

二十三年大水

二十五年大有年

咸豐元年大有年

五年秋七月地生毛形似猪鬃掃之又出經旬乃滅

六年大旱斗米千錢人相食西北鄉山中遍出野猪皮堅刀斧不能入百十爲羣行道者非結隊持械率爲所害夜踰垣攫食人家小兒

七年野菉豆生饑民恃以爲食

十年野豆生

同治十二年地震南鄉農人伍兆佩家有貓乳鼠數頭相親如母子也不數月其家十數人以疫死生者又遭火灾物反常爲妖固理所必至歟

光緒元年六七月間相傳有黑眚見訛言白蓮教散紙人剪辮髮家取雄雞血爲符厭之逾月乃定

四年冬桃李花有雌雞化爲雄

十四年大旱冬大雪

十六年大有年

十七年大蝗

二十年大有年程家市舉人孫閎禧祖母年九十五世同堂親見七世

二十九年鄉民張玉良年九十六五世同堂親見七世縣令鄧士芬請恩賜粟帛給八品壽官

三十二年大疫死者無算

三十三年二月初八日黃沙蔽天日無光東鄉民無故驚竄和含定合各縣亦被擾動縣令原邦用出爲彈壓并派把總朱得壽警務長馬玉書至各鄉諭阻蓋因姜軍過滁所致也

四月二十六日夜大雨雹二十八日大風節孝總坊欑星門傾圮拔木倒屋甚多

三十四年除夕大雷雨

宣統元年大水十一月地震

三年大旱十二月十七日夜有黑雲三道如虹東西貫天向北而没

民國元年二月十五日夜白虹貫月七月大水東城墻倒三丈餘

二年二月二十七日酉時地大震由東而西屋瓦幾墮

三年二月天雨黃沙三日（俗謂之下丹）麥粒皆癟秋大旱蝗

四年正月初一日地震夏蝗食麥

六年正月初二日地震有聲二十日日中有黑子六月地又

震

七年大有年

八年秋七月初八日西北區蛟水爲災

九年城區有王大啟壽八十八歲精神矍鑠耳聰目明猶能講學課徒以爲樂又鄭士安亦壽八十八歲步履尤健同臻耄耋時人稱慶事焉

（清）魏宗衡修　（清）邢士誠纂

【康熙】臨淮縣志

清康熙十一年（1672）刻本

祥異志

和氣召祥乖氣致異如響應聲纖毫不爽君子將欲弭災異迓休祥烏可不修人事歟

祥異

明永樂四年大水徙縣治于曲陽門外

正統二年大水進城

成化四年大水進城

弘治六年大雪三月

正德三年蝗大飢疫

正德六年大水灌城

正德九年大水

正德十二年夏大水衝塲北城官民房屋傾倒過半

嘉靖元年蝗

嘉靖二年大疫

嘉靖三年大疫人民死亡過半

嘉靖十一年大水西壩一帶崩圮

嘉靖二十二年大水灌城

嘉靖二十四年大水灌城

嘉靖三十四年大水灌城

嘉靖四十五年大水進城

隆慶二年五月朔日食天地晦

萬曆五年大水灌城

萬曆十六年大旱

萬曆二十一年大水進城

萬曆三十三年大水東壩衝倒三十餘丈

萬曆四十七年大饑人相食

天啓二年地震

天啓六年旱兼蝗

崇禎六年有鳥名寇雉鳩身兎蹄飛如兵戈之聲自北入南

崇禎七年水蝗

崇禎八年流賊犯境攻城不克縱火焚西關民舍遁去

崇禎九年旱流賊犯境

崇禎十年赤風自西北來火氣逼人流賊犯境

崇禎十二年歲飢

崇禎十三年歲大飢疫人相食

崇禎十四年歲飢

崇禎十五年地震

崇禎十六年九月地不時震動

崇禎十七年地時震二月十九日套九環五月四鎮割據劉良佐兵自壽春東下取臨攻圍月餘四関鄉村焚劫殺掠殆盡臨邑元氣由是大傷

國朝

順治六年水獸見於淮是年五月霪雨凡八晝夜淮水衝城官衙學宮民舍盡爲漂没四鄉禾麥濟損十之八九全城止存西南兩隅如小洲然東北僅露城梁卩

順治七年十月朔日食盡晝晦見斗

順治八年有鳥高二尺許狀似鵝鶩飛食蝗不爲災

順治九年旱

順治十年冬十一月地震

順治十一年冬〻十月曲陽門内大火燬御史員外二
坊民舍數百間

順治十八年夏天鼓鳴

康熙元年麥穗兩岐

康熙二年夏水灌城

康熙三年孛星見秋水

康熙四年夏水灌城

康熙五年秋水冬〻本縣三堂火燒燬新舊册籍無遺

康熙六年蝗

康熙七年水灌城地大震傾塌城垣民舍無算

康熙八年五月雨雹

康熙九年夏大水二麥浥爛無遺

康熙十年大旱蝗麥禾皆無人食樹皮總督麻安撫靳

題請發正賦銀六千兩賑濟飢民賴以全活

康熙十一年麥穗兩岐蝗不為災冬十一月地屢震

【光緒】鳳陽縣志

（清）于萬培纂修
（清）謝永泰續修
（清）王汝琛續纂

清光緒十三年（1887）刻本

雜誌

紀事

鍾離非無事之地也自春秋吳楚爭疆暨六朝五代之際干戈雲擾宋室南渡而後金人畫淮而處治日少而亂日多民生其間何不幸與明太祖崛起田間加恩桑梓復其民世世無所與而其後流寇之亂焚殺刦掠所至靡遺其禍烈於前代我朝休養生息涵煦於百餘年之久民生不見兵革服畎畝而長子孫雖邇年淮水爲災饑饉荐告而

聖朝破格蠲賑民鮮流亡亘古未之有也故採摭前史及耳目所聞見凡事在境內者悉著於篇俾生長於斯者知處無事之時享太平之福爲可幸也

周簡王十年冬十有一月諸侯之大夫會吳於鍾離

春秋成公十五年即周簡王十年冬十有一月叔孫僑如會晉士燮齊高無咎宋華元衛孫林父鄭公子鰌邾人會吳於鍾離左氏傳會吳於鍾離始通吳也

按經書鍾離始此

景王八年秋七月楚子以諸侯伐吳殺齊慶封

春秋昭公四年即周景王八年秋七月楚子蔡侯陳侯許男頓子胡子沈子淮夷伐吳執齊慶封殺之穀梁傳此入而殺其不言入何也慶封封乎吳鍾離其不言伐鍾離何也不與吳封也按吳封慶封左傳言於朱方穀梁傳言於鍾離其地不同

冬楚城鍾離

春秋左傳昭公四年冬楚箴尹宜咎城鍾離

敬王二年秋七月吳人禦楚師於鍾離

春秋左傳昭公二十三年即周敬王二年吳人伐州來楚薳越帥師及諸侯之師奔命救州來吳人禦諸鍾

離

三年冬吳滅鍾離

春秋左傳昭公二十四年（即周敬王三年）楚子爲舟師以略吳疆沈尹戌曰此行也楚必亡邑不撫民而勞之吳不動而速之吳踵楚而疆埸無備邑能無亡乎王及圉陽而還吳人踵楚而邊人不備遂滅巢及鍾離而還

史記楚世家初吳之邊邑卑梁（正義曰卑梁邑近鍾離）與楚邊邑鍾離小童爭桑兩家交怒相攻滅卑梁人卑梁大夫怒發邑兵攻鍾離楚王聞之怒發國兵滅

卑梁吳王聞之大怒亦發兵使公子光攻楚遂滅

鍾離居巢

漢獻帝建安二年夏呂布軍掠鍾離

通鑑呂布與韓暹楊奉合軍向壽春是時袁術據壽春稱帝水陸並進到鍾離所過虜掠還渡淮北史家記事有一事而分載於數人之傳者彼此互有詳略單採一傳則其事不全若兼採之則中多重複惟通鑑融貫各傳而事之本末先後燦然可見故多引之

宋元嘉二十七年冬魏人焚掠鍾離

通鑑冬閏月魏王命諸將分道並進永昌王仁自洛陽趨壽陽尚書長孫眞趨馬頭楚王建趨鍾離

十一月永昌王仁進逼壽陽焚掠馬頭鍾離南平
王鑠嬰城固守
齊建武二年春魏攻鍾離不克而還
通鑑魏主以上廢海陵王自立謀大舉入寇會邊
將言齊雍州刺史下邳曹虎遣使請降於魏十一
月辛丑朔魏使徐州刺史拓拔衍向鍾離辛亥魏
主發洛陽二年春正月乙未拓拔衍攻鍾離徐州
刺史蕭惠休乘城拒守閒出襲擊魏軍破之二月
戊申魏主循淮而東丙辰至鍾離上遣左衛將軍
崔慧景甯朔將軍裴叔業救鍾離魏久攻鍾離不

克士卒多死三月戊寅魏主如邵陽築城於洲上胡註云邵陽洲在鍾離城北淮水中棚斷水路夾築二城胡註云既築城於洲上又於淮水路北南岸夾築二城柵樹水中以斷援兵之路蕭坦之遣軍主裴叔業攻二城拔之魏主欲築城置戍於淮南以撫新附之民賜相州刺史高閭璽書具論其狀閭上表以爲兵法十則圍之五則攻之曩者國家止爲受降之計發兵不多東西遼濶難以成功今又欲置戍淮南招撫新附昔世祖以回山倒海之威步騎數十萬南臨瓜步諸郡盡降而盱眙小城攻之不克班師之日兵不戍一城土不闢一廛夫豈無

人以爲大鎮未平不可守小故也夫塞水者先塞其源伐木者先斷其本本源尚在而攻其末流終無益也壽陽盱眙淮陰淮南之本源也三鎮不克其一而留守孤城其不能自全明矣敵之大鎮逼其外長淮隔其內少置兵則不足以自固多置兵則糧運難通大軍旣還士心孤怯夏水盛漲救援甚難以新擊舊以勞禦逸若果如此必爲敵擒雖忠勇奮發欲何益哉且安土戀本人之常情昔彭城之役（事在宋明帝泰始二年）旣克大鎮城戍已定而不服思叛者猶踰數萬角城蕞爾處在淮北去淮陽十

八里五固之役攻圍歷時卒不能克事在齊高帝建元三年以今準昔事兼數倍天時向熱雨水方降願陛下踵世祖之成規旋轅返旆經營洛邑蓄力觀釁布德行化中國既和遠人自服矣魏主納其言乃還濟淮餘五將未濟齊兵據渚邀斷津路魏主募能破中渚兵者以爲直閣將軍軍主代人奚康生應募縛筏積柴因風縱火燒齊船艦依烟焰進飛刀亂斫中渚兵遂潰魏主假康生直閣將軍魏主使前將軍楊播將步卒三千騎五百爲殿時春水方長齊兵大至戰艦塞川播結陳於南岸以禦之諸

軍盡濟齊兵四集圍播播爲圓陣以禦之身自搏戰所殺甚衆相拒再宿軍中食盡圍兵愈急魏主在北岸望之以水盛不能救既而水稍減播引精騎三百歷齊艦大呼曰我今欲渡能戰者來遂擁衆而濟魏軍既退邵陽洲上餘兵萬人求輸馬五百匹假道以歸崔慧景欲斷路攻之張欣泰曰歸師勿遏古人畏之兵在死地不可輕也今勝之不足爲武不勝徒喪前功不如許之慧景從之

梁天監五年冬魏人圍鍾離

通鑑秋九月魏主詔中山王英乘勝平蕩東南時梁

〔臨川王宏將兵次洛口因暴風雨軍中驚遂逃去將士皆散歸棄甲投戈填滿水陸〕逐北至馬頭攻拔之城中糧儲魏悉遷之歸北議者咸曰魏運米北歸當不復南向上曰不然此不欲進兵爲詐計耳乃命修鍾離城勅昌義之爲戰守之備〔時義之以北徐州刺史鎮鍾離〕冬十月英進圍鍾離魏主詔邢巒引兵會之巒上表以爲南軍雖野戰非敵而城守有餘今盡銳攻鍾離得之則所利無幾不得則虧損甚大且介在淮外借使束手歸順猶恐無糧難守況殺士卒以攻之乎又征南士卒從戎二時疲弊死傷不問可知雖有乘勝之資懼無可用之力

若臣愚見謂宜復舊戍撫循諸州以俟後舉江東
之釁不患其無詔曰濟淮犄角事如前勑何容猶
爾盤桓方有此請可速進軍巒又表以爲今中山
進軍鍾離實所未解若爲得失之計不顧萬全直
襲廣陵出其不備或未可知若止欲以八十日糧
取鍾離者臣未前聞也彼堅城自守不與人戰城
塹水深非可填塞空坐至春士卒自斃若遣臣赴
彼從何致糧夏來之兵不齎冬服脫遇氷雪何方
取濟臣甯荷怯懦不進之責不受敗損空行之罪
鍾離天險朝貴所具（胡註謂朝之貴臣所具知也）若有內應則

所不知如其無也必無克狀若信臣言願賜臣停若謂臣憚行求還臣所領兵乞盡付中山任其處分臣止以單騎隨之東西臣屢更爲將頗知可否臣既謂難何容強還乃召鸞還更命鎮東將軍蕭寶寅與英同圍鍾離十一月乙丑詔右衛將軍曹景宗都督諸軍二十萬救鍾離上勅景宗頓道人洲胡注在邵陽洲之東俟衆軍齊集俱進景宗固啟求先據邵陽洲尾上不許景宗欲專其功違詔而進值暴風猝起頗有溺者復還守先頓胡注謂還守上閘道人洲也之曰景宗不進蓋天意也若孤軍獨往城不時立

必致狼狽今破賊必矣

六年春曹景宗韋叡破魏軍於鍾離

通鑑春正月魏中山王英與平東將軍楊大眼等衆數十萬攻鍾離鍾離城北阻淮水魏人於邵陽洲兩岸爲橋樹柵數百步跨淮通道英據南岸攻城大眼據北岸立城以通糧運城中衆纔三千人昌義之督率將士隨方抗禦魏人以車載土塡塹使其衆負土隨之嚴騎蹙其後人有未及回者因以土迮之俄而塹滿衝車所撞城土輒頹義之用泥補之衝車雖入而不能壞魏人晝夜苦攻分番

相代墜而復升無有退者一日戰數十合前後殺傷萬計魏人死者與城平二月魏主召英使還英表諸臣志殄逋寇而月初以來霖雨不止若三月晴霽城必可克願少賜寬假魏主復詔曰彼土蒸濕無宜久淹勢雖必取乃將軍之深計兵久力殆亦朝廷之所憂也英猶表稱必克魏主遣步兵校尉范紹詣英議攻取形勢紹見鍾離城堅勸英引還英不從上命豫州刺史韋叡將兵救鍾離受曹景宗節制叡自合肥取直道由陰陵大澤行值澗谷輒飛橋以濟師人畏魏兵盛多勸叡緩行叡曰

鍾離今鑿穴而處負戶而汲車馳卒奔猶恐其後而況緩乎魏人已墮吾腹中卿曹勿憂也旬日至邵陽上預勅曹景宗曰韋叡卿之鄉望宜善敬之景宗見叡禮甚謹上聞之曰二將和師必濟矣景宗與叡進頓邵陽洲叡於景宗營前二十里夜掘長塹樹鹿角截洲爲城去魏城百餘步南梁太守馮道根能走馬步地計馬足以賦功比曉而營立魏中山王英大驚以杖擊地曰是何神也景宗等器甲精新軍容甚盛魏人望之奪氣景宗慮城中危懼募軍士言文達等潛行水底齎勅入城城中

始知有外援勇氣百倍楊大眼勇冠軍中將萬餘騎來戰所向皆靡敵結車爲陳大眼聚騎圍之敵以強弩二千一時俱發洞甲穿中殺傷甚衆矢貫大眼右臂大眼退走明旦英自率衆來戰敵乘素木輿執白角如意以麾軍一日數合英乃退魏師復夜來攻城飛矢雨集敵子驥請下城以避箭敵不許軍中驚敵於城上厲聲呵之乃定牧人過淮北伐芻蕘者皆爲楊大眼所略曹景宗募勇敢士千餘人於大眼城南數里築壘大眼來攻景宗擊郤之壘成使別將趙草守之有抄掠者皆爲草所

獲是後始得縱芻牧上命景宗等預裝高艦使與魏橋等爲火攻之計令景宗與叡各攻一橋叡攻其南景宗攻其北三月淮水暴漲六七尺叡使馮道根與廬江太守裴邃秦郡太守李文釗等晉安帝以堂邑爲秦郡今六合縣也乘鬬艦競發擊魏洲上軍盡殪別以小船載草灌之以膏從而焚其橋風怒火盛烟塵晦冥敢死之士拔柵斫橋水又漂疾倏忽之間橋柵俱盡道根等皆身自搏戰軍人奮勇呼聲動天地無不一當百魏軍大潰英見橋絕脫身棄橋走大眼亦燒營去諸壘相次土崩悉棄其器甲爭投

水死者十萬餘斬首亦如之叡遣報昌義之義之悲喜不暇荅語但叫曰更生更生諸軍逐北至濊水上（即今靈璧之澮河）英單騎入梁城緣淮百餘里尸相枕藉生擒五萬人取其資糧器械山積牛馬驢騾不可勝計義之德景宗及叡請二人共會設錢二十萬官賭之景宗擲得雉叡徐擲得盧遽取一子反之曰異事遂作塞景宗與羣帥爭先告捷叡獨居後世尤以此賢之詔增景宗叡爵邑義之等受賞各有差

十三年冬築浮山堰太子右衛率康絢護堰作於

鍾離

通鑑魏降人王足陳計求堰淮水以灌壽陽上以爲然使水工陳承伯材官將軍祖暅視地形咸謂淮內沙土漂輕不堅實功不可就上弗聽發徐揚民率二十戶取五丁以築之加太子右衛率康絢都督淮上諸軍事并護堰作於鍾離役人及戰士合二十萬南起浮山北抵巉石胡注水經云淮水自鍾離縣又東逕浮山北對巉石依岸築土合脊於中流按王足陳計引北方童謠云荆山爲上格浮山爲下格潼泡爲激溝併灌鉅野澤故作堰南起浮山也浮山在今盱眙境梁時蓋在鍾離界中故康絢護堰作於鍾離通典亦於鍾離縣載康絢作堰事文獻通考又載鍾離縣有袁術所築

荆山堰基以荆山為鍾離者宋時塗山縣併省入鍾離故也

十四年夏四月浮山堰成復潰更築之

通鑑浮山堰成而復潰或言蛟龍能乘風雨破堰其性惡鐵乃運東西冶鐵器數千萬觔沉之胡注建康有東西二冶亦不能合乃伐木為井幹塡以巨石加土其上緣淮百里內木石無巨細皆盡負擔者肩上皆穿夏日疾疫死者相枕蠅蟲晝夜聲合

十五年夏四月淮堰成秋九月淮水暴漲堰壞

通鑑夏四月淮堰成長九里下廣一百四十丈上廣四十五丈高二十丈樹以杞柳軍壘列居其上

或謂康絢曰四瀆天所以節宣其氣不可久塞若鑿湫東注則游波寬緩堰得不壞絢乃開湫東注又縱反間於魏曰梁人所懼開湫不畏野戰蕭寶寅信之鑿山深五丈開湫北注水日夜分流猶不減魏軍竟罷歸水之所及夾淮方數百里其水清澈俯視廬舍冢墓了然在下初堰起於徐州境內（湖注浮山在鍾離郡界梁置徐州於鍾離）刺史張豹子宣言謂已必掌其事既而康絢以他官來監作豹子甚慚俄而勑豹子受絢節度豹子遂譖絢與魏交通上雖不納猶以事畢徵絢還絢既還張豹子不復修淮堰九

月丁亥淮水暴漲堰壞其聲如雷聞三百里緣淮城戍村落十餘萬口皆漂入海初魏人患淮堰以任城王澄爲大將軍勒衆十萬將出徐州來攻堰尙書右僕射李平以爲不假兵力終當自壞及聞破太后大喜賞平甚厚澄遂不行

太清二年冬北徐州刺史蕭正表以鍾離叛降於侯景等又降東魏

通鑑北徐州刺史封山侯正表鎭鍾離上召之入援時侯景兵圍建康正表託以船糧未集不進侯景以正表爲南兗州刺史封南郡王正表乃於歐陽立柵

以斷援軍師衆一萬聲言入援實欲襲廣陵啓書誘廣陵令劉詢使燒城爲應詢以告南兗州刺史南康王會理十二月會理使詢帥步騎千人夜襲正表大破之正表走還鍾離三年春正月正表以北徐州降東魏東魏徐州刺史高歸彥遣兵赴之

自是鍾離入於東魏魏禪齊遂入北齊至陳宣帝太建五年遣吳明徹伐齊盡復江北之地鍾離乃南屬陳至十一年江北之地盡沒於周則鍾離復爲後周所有

唐太宗貞觀八年秋濠州水唐書五行誌

十二年濠州野蠶成繭唐書太宗紀

十七年十八年濠州疫唐書五行誌

代宗大歷三年許杲將卒駐濠州

通鑑平盧行軍司馬許杲將卒三千人駐濠州不去有窺淮南意淮南節度使崔圓令副使元城張萬福攝濠州刺史杲聞即提卒去通鑑載此事於大歷三年按韓昌黎順宗實錄張萬福攝濠州刺史許杲提卒去後乃授云大歷三年召赴京師則此事似在三年以前昌黎作本朝實錄又目擊之事必無誤也

德宗建中二年濠州刺史張萬福發江淮進奉船於渦口

順宗實錄李正已反正已爲平盧節度使將斷江淮路令兵守埇橋渦口胡三省通鑑注埇橋在徐州南界汴水上後置宿州於此渦口渦水入淮

之口也江淮進奉船千餘隻泊渦口不敢進德宗以張萬福爲濠州刺史萬福馳至渦口立馬岸上發進奉船淄青將士停岸睥睨不敢動諸道繼進按渦口在今懷遠境唐高祖武德七年省塗山縣入鍾離則彼時渦口在鍾離界南

文宗開成二年三月壬申有大魚長六丈自海入淮至濠州招義民殺之近魚孽也唐書五行誌

懿宗咸通九年冬十月龎勛將劉行及將兵屯濠州

通鑑龎勛陷彭城遣舊將劉行及將千五百人巿濠州行及引兵至渦口道路附從者增倍濠州兵

纔數百刺史盧望回素不設備不知所爲乃開門具牛酒迎之行及入城囚望回自行刺史事

十年六月馬舉攻濠州十月克之

通鑑淮南節度使馬舉自泗州引兵攻濠州劉行及設寨於城外以拒守舉先遣輕騎挑戰賊見其衆少爭出寨西擊之舉引大軍數萬自它道擊其東南遂焚其寨賊入固守舉塹其三面而圍之北面臨淮賊猶得與徐州通龐勛遣吳迥助行及守濠州馬舉攻濠州自夏及冬不克城中糧盡殺人而食之官軍深塹重圍以守之十月辛丑夜吳迥

突圍走舉勒兵追之殺獲殆盡迴死於招義

昭宗景福元年十一月濠州刺史張璲以州附朱
全忠

通鑑朱全忠連年攻時溥時溥據徐泗濠三州爲感化軍節度使僖宗光啟三年徐汴始交兵徐泗濠三州民不能耕穫復値水災人
死者什六七十一月時溥濠州刺史張璲以州附
於朱全忠

乾甯二年楊行密取濠州

唐書楊行密傳乾甯二年行密襲濠州李簡重甲
絶水縋而入執刺史張璲以劉金守之

周世宗顯德四年攻濠州團練使郭廷謂以州降

通鑑顯德四年冬十月壬申帝發大梁十一月丙

戌至鎮淮軍是夜五鼓濟淮丁亥至濠州城西濠

州東北十八里有灘唐人柵於其上環水自固謂

周兵必不能入戊子帝自攻之命內殿直康保裔

帥甲士數百乘橐駝涉水太祖皇帝帥騎兵繼之

遂拔之李儞重進破濠州南關城癸巳帝自攻濠

州王審琦拔其水寨唐人屯戰船數百於城北植

巨木於淮水以限周兵帝命水軍攻之拔其木焚

戰艦七十餘艘斬首二千餘級又攻拔其羊馬城

城中震恐丙申夜唐濠州團練使郭廷謂上表言

臣家在江南今若遽降恐爲唐所種族請先遣使

詣金陵稟命然後出降帝許之辛丑帝聞唐有戰

船數百艘在渙水東欲救濠州自將兵夜發水陸

擊之癸卯大破唐兵於洞口胡注今濠州東九十里有浮山下有穴名浮山洞十二月郭廷謂使者自金陵還知唐不能救

舉濠州降

宋太宗至道元年十月濠州獻瑞穀圖

眞宗大中祥符四年五月濠州麥自生

仁宗嘉祐七年鍾離縣地生麵

英宗治平元年濠州水宋史五行誌

高宗建炎四年六月盗殺滁濠州鎮撫使劉位

宋元通鑑時京東西荆湖南北淮南諸路盗賊蠭起大者數萬人據有州郡朝廷不能制范宗尹言於帝曰羣賊皆烏合之衆急之則併死力以拒官軍莫若析地以處之盗有所歸則可以漸制帝善之五月乙丑以劉位爲滁濠州鎮撫使分地畀焉

六月戊寅位爲盗所殺

紹興五年秋濠州大旱宋史五行誌

六年劉麟寇淮南張俊拒之於濠壽之間

宋元通鑑紹興六年冬十月劉麟劉猊（麟劉豫子猊其兄子）也分道寇淮西時張俊楊沂中韓世忠劉光世分屯諸州張俊令沂中趨壽州以與張俊合沂中兵至濠劉麟從淮西繫三橋而渡次於濠壽之間張俊以兵拒之

十一年三月金人陷濠州

宋元通鑑三月乙巳張俊楊沂中劉錡奉詔班師（時二帥方敗金兀朮于柘皋復廬州而秦檜力主議和故有班師之詔）行纔數里諜報金人攻濠州甚急俊乃復邀沂中錡同會於黃楝埠同往援距濠六十里而濠南城已陷俊召諸

將謀之沂中欲戰錡曰本來救濠今濠已失進無所依不若退師據險徐爲後圖諸將皆曰善三師鼎足而營或言敵兵已去錡謂俊曰敵得城遽退必有謀也宜嚴兵備之俊不聽且欲自以爲功命錡無往而令沂中與王德將神勇步騎六萬直趨濠州列陳未定烟起城中金人伏騎萬餘分兩翼出沂中顧德曰何如德曰德小將安敢議事沂中以策麾軍曰那曰（沂中本傳作那回）諸軍爲令其走也遂潰而南無復紀律金人犯之死者甚衆韓世忠師至城下亦不利而退沂中遂入滁州（宋史忠義傳載濠州將官

楊照統領丁元與金人鬬死事疑在此時

孝宗淳熙十五年五月濠州大水

宋史五行志淳熙十五年五月淮甸大雨水淮水溢廬濠楚州無爲安豐高郵盱眙軍皆漂廬舍田稼通志錄此條作乾道十五年按乾道止於九年無十五年也蓋誤以淳熙爲乾道耳

甯宗嘉定元年六月金人來歸濠州

宋元通鑑王柟以韓侂胄首至金時金主璟索韓侂胄首以贖淮南也金主璟御奉天門受之遂命完顏匡等罷兵遣使來歸濠州先是開禧二年金人已許議和自和州退屯下蔡獨濠州尙使一統軍守之

理宗淳祐元年蒙古將察罕攻濠州不克至正金陵新誌

嘉熙四年知濠州王鑑至郡修守備斬巨木十萬有奇分布排柴淳祐元年察罕再攻城不克嘆曰濠州一座水城予不可犯也

帝㬎德祐二年濠州附於元

元史地理誌濠州至元十三年歸附元至元十三年宋德祐二年也

元成宗大德六年七月鍾離蝗元史五行誌

泰定帝致和元年明太祖生於鍾離

明史太祖本紀太祖諱元璋字國瑞姓朱氏先世家沛徙句容再徙泗州父世珍始遷濠州之鍾離

生四子太祖其季也母陳氏方娠夢神授藥一丸置掌中有光吞之寤口餘香氣及産紅光滿室自是夜數有光起隣里望見驚以爲火輒奔救至則無有比長姿貌雄傑奇骨貫頂志意廓然人莫測至正四年旱蝗大饑疫太祖時年十七父母兄相繼殁貧不克葬里人劉繼祖與之地乃克葬卽鳳陽陵也太祖孤無所依乃入皇覺寺爲僧逾月遊食合肥道病二紫衣人與俱䕶視至病痊已失所在凡歷光固汝潁諸州三年復還寺

順帝至正十二年二月郭子興據濠州明太祖附

之
宋元通鑑定遠郭子興見汝潁兵起列郡騷動遂
與其黨孫德崖等舉兵自稱元帥攻拔濠州據之
徹里不花率兵欲復濠城憚不敢進惟日掠良民
指稱爲盜以徼賞
明史太祖本紀十二年春二月定遠人郭子興與
其黨孫德崖等起兵濠州元將徹里不花憚不敢
進而日俘良民以徼賞太祖時年二十四謀避兵
卜於神去留皆不吉乃曰得毋當舉大事乎卜之
吉大喜遂以閏三月甲戌朔入濠見子興子興奇

其狀貌留爲親兵戰輒勝遂妻以所撫馬公女即高皇后也子興與德崖齟齬太祖屢調護之秋九月元兵復徐州李二走死彭大趙均用奔濠德崖等納之子興禮大而易均用均用怨之德崖遂與謀伺子興出執而械諸孫氏欲殺之太祖方在淮北聞難馳至訴於彭大大怒呼以行太祖亦甲而擁盾發屋出子興破械使人負以歸遂免

冬元將賈魯圍濠州

十三年春賈魯死圍解

元史賈魯傳魯從脫脫平徐州脫脫旣旋師命魯

追餘黨分攻濠州同總兵官平章月可察兒督戰
魯誓師曰吾奉旨統八衛漢軍頓兵於濠七日矣
爾諸將同心協力必以今日巳午時取城池然後
食魯上馬麾進抵城下忽頭眩下馬且戒兵馬弗
散病愈亟却藥不肯汗竟卒於軍中十三年五月
壬申也

明史太祖本紀至正十二年冬元將賈魯圍濠太
祖與子興力拒之十三年春賈魯死圍解太祖收
里中兵得七百人子興喜署爲鎮撫時彭趙所部
暴橫子興弱太祖度無足與共事乃以兵屬他將

獨與徐達湯和費聚等南略定遠計降驢牌寨民兵三千與俱東夜擊元將張知院於横澗山收其卒二萬道遇定遠人李善長與語大悅之遂與俱攻滁州下之

二十六年夏四月濠州降於明明太祖如濠州

明史太祖本紀四月乙卯徐達襲破張士誠將徐義水軍於淮安義遁徐思祖以城降濠徐宿三州相繼下甲子如濠州省墓置守塚二十家賜故人汪文劉英粟帛置酒召父老飲極歡曰吾去鄉十有餘年艱難百戰乃得歸省墳墓與父老子弟復

相見今苦不得久留歡聚爲樂父老幸教子弟孝弟力田毋遠賈濱淮郡縣倘苦寇掠父老善自愛令有司除租賦皆頓首謝夏五月壬午至自濠

明史韓政傳李濟據濠州名爲張士誠守實觀望太祖使右相國李善長以書招之不報太祖歎曰濠吾家也濟如此我將有國無家可乎乃命政帥指揮顧時以雲梯礮石四面攻濠濟度不能支始出降政歸濟於應天太祖大悅以時守濠州

鳳陽新書丙午年（元至正二十六年）四月太祖命韓政等進取濠州時李濟爲張士誠守濠太祖曰濠州乃

吾家鄉今李濟竊據是吾有國而無家也乃命韓
政督顧時進取濟遂降旣得濠州帝自建康幸濠
濠州父老與濟等來見太祖與之宴謂濟曰吾與
諸父老不相見久矣今還故鄉念父老鄉人遭罹
兵難以來未遂生息吾甚憫焉濟對曰久苦兵爭
莫得寧居今賴主上威德各得安息勞主上軫念
太祖曰濠吾故鄉父母墳墓所在豈得忘之諸父
老飲宴極歡太祖曰諸父老皆吾故人豈不欲朝
夕相見然吾不得久留此父老當教導子弟爲善
立身孝弟勤儉養生鄉里有善人猶家有賢父兄

也濟等頓首謝上曰鄉人耕作交易且令無遠出

濱淮諸郡尚有寇兵恐爲所抄掠父老等亦宜厚

自愛以樂高年於是濟等皆歡醉而退　庚午上

謁陵還鄉舍謂博士許存仁曰吾昔微時自謂終

身田野間一農民耳又遭兵亂措身行伍亦不過

爲保身之計不意今日成此大業自吾去鄉里十

餘年今始得歸省陵墓復與諸父老子弟相見追

思向時誠可感也存仁曰主上歸故鄉念桑梓撫

諭親故眷眷不忘雖漢高之待沛中父老恩意不

是過也　戊申上將還建康謁辭陵召汪文劉英

謂曰鄉里親故厚愛者惟足下二人先世陵墓所在豈敢忘之但國家事重不得不歸耳公等善爲我守視仍賜英文綺帛米粟曰此以報夙昔相念之德也上謂父老曰今兵亂已息鄉里安靜父老常得優游無事撫育妻子各保生業鄉縣租賦當令有司勿徵二三年間當復來相見於是父老皆歡悅再拜曰感主上恩德無以報也

明太祖吳元年升濠州爲臨濠府 明史地理誌

十月遣世子及次子往臨濠謁陵墓 鳳陽新書

明史興宗列傳吳元年 即元至正二十七年 命世子標 時年十三

省臨濠。𥀾諭曰：商高宗舊勞於外，周成王早聞無逸之訓，皆知小民疾苦，故在位勤儉，爲守成令主。兒生長富貴，習於宴安。今出旁近郡縣，遊覽山川，經歷田野，其因道途險易以知鞍馬勤勞，觀閭閻生業以知衣食艱難，察民情好惡以知風俗美惡，即祖宗所居，訪求父老，問吾起兵渡江時事，識之於心，以知吾創業不易。

洪武元年三月，遣官致祭仁祖陵。明史禮志

二年九月癸卯，以臨濠爲中都。太祖本紀建中都城於舊城西，置留守司。明史地理誌

三年六月辛巳徙蘇州松江嘉興湖州杭州民無業者田臨濠給資糧牛種復三年太祖本紀 修治皇陵

明史食貨誌明初嘗徙蘇松嘉湖杭民之無田者四千餘戶往耕臨濠給牛種車糧以資遣之三年不征租稅

鳳陽新書云洪武二三當作三年六月上諭中書省臣曰蘇松嘉湖杭五郡地狹民衆細民無田以耕往往逐末利而食不給臨濠朕故鄉也田多未闢土有遺利宜令五郡民無田產者往臨濠開種就以

所種田爲巳業官給牛種舟糧以資遣之仍三年不征其税於是徙者凡四千餘戸

是年修治皇陵先是度量界限將築周垣所司奏民家墳墓在内者當外徙上曰此墳墓皆吾家鄉舊鄰里不必外徙春秋祭掃聽其出入不禁

四年春二月甲戌幸中都壬午至自中都太祖本紀

鳳陽新書洪武三當作四年春車駕幸中都上以兵革之後中原民多流亡臨濠地多閑棄有力者遂得兼併乃諭中書省臣曰古者井田之法計口而授故民無不受田之家今臨濠之田連疆接壤耕

者亦宜驗其丁力計畝授之使貧者有所資富者不得兼併若兼併之家多佔田以爲巳業而轉令貧民佃種者罪之其丁力計畝給之毋許兼併卽驗按明史食貨誌云臨濠之田此諭也本紀不載是年臨濠旱行誌八月甲午免中都田租太祖本紀五年二月癸未臨濠府火五月癸亥夜中都皇城萬歲山雨氷雹大如彈丸行誌明史五秋七月詔郵中都造作軍士

鳳陽新書洪武五年秋七月上諭都督府臣曰近營中都聞軍士多以疫死盖盛暑重勞飲食失節

董其役者督之太急使病無所養死無所歸朕甚

痛之爾其速遣官具醫往視之病甚者官給舟車

送還其家仍沿途給醫治療且勅督事者毋驅廹

之按李善長傳云洪武五年命善長董建臨濠宮殿湯和傳云與李善長營中都宮闕然則當時董事者此二人也

六年九月賜臨濠造作軍士衣米鳳陽新書　改臨濠

府曰中立府明史地理誌

鳳陽新書上諭中書省臣曰憂人者當體其心愛

人者每惜其力朕嘗親軍旅備知其疾苦凡有興

作未免資軍民之力土木之功亦甚難集朕進一

膳即思天下軍民之饑服一衣即思天下軍民之寒今臨濠造作之士宜加給米五斗衣一襲庶不致饑寒也

七年八月改中立府爲鳳陽府明史地理誌

徙江南民十四萬於鳳陽明史食貨誌

鳳陽新書上謂太師李善長曰臨濠吾鄉里兵革之後人烟稀少田土荒蕪天下無田耕種窮民不少若於富庶處取數十萬戶於濠州鄉村居住給與耕牛穀種使之開墾其田永爲已業數年之後豈不富庶遂徙江南民十四萬實中都以善長同

列侯吴良周德興督之

八年二月甲午宥雜犯死罪以下及官犯私罪者謫鳳陽輸作屯種贖罪太祖本紀

鳳陽新書洪武八年發罪人工役屯種鳳陽命蘄春侯康鐸督民墾田鳳陽又命南安侯俞通源撫輯遷民開水利墾田

夏四月辛卯幸中都至自中都罷營中都太祖本紀

鳳陽新書洪武九當作八年夏四月車駕幸鳳陽驗工次日謁皇陵宴集親鄰叙布衣故舊之情人賜鈔五十貫是時太祖居皇城內興福宮劉基傳基有妻喪請

告歸時帝方營中都甚瀕行奏曰鳳陽雖帝鄉非建都地也罷營中都蓋因基之奏云

冬十月壬子命皇太子講武中都太祖本紀

明史宋濂傳洪武八年九月從太子及秦晉楚靖江四王講武中都帝得輿圖濠梁古蹟一卷遣使賜太子題其外令濂詢訪隨處言之太子以示濂因歷歷舉陳隨事進說甚有規益

九年冬十月丙子命太子及諸王往鳳陽祭皇陵

鳳陽新書命秦晉燕吳楚齊諸王治兵鳳陽太祖本紀三年封皇太子樉爲秦王棡晉王棣燕王橚吳王楨楚王榑齊王

十一年春二月命太子詣中都祀皇陵

夏四月命江陰侯吳良督建殿宇城垣植冡木立華表樹石人石獸勒石建亭鳳陽新書

是年奉旨清查鍾離土著舊民三千三百二十四戶編爲陵戶分爲六十四社五十戶以一人爲長每戶撥給田地一莊供辦皇陵每歲時節祭祀全免糧差

十三年夏五月丙申釋臨濠屯田輸作者太祖本紀

十六年春三月丙寅復鳳陽臨淮二縣民繇賦世世無所與太祖本紀

鳳陽新書洪武十六年三月十六日戶部尚書郁

新等奉聖旨鳳陽實朕鄉里陵寢在焉昔漢高帝豐縣生沛縣長後得了天下免其豐沛二縣之民糧差今鳳陽臨淮二縣之民雖不同我鄉社同鍾離一邑之民朕起兵臨濠以全鄉曲鳳陽府有福的來做我父母官那老的們生在我這塊土上永不課徵每日間雍雍熙熙吃酒逢著時節買炷好香燒獻天地結成義社遵奉鄉飲酒禮非日汪著令要討吏我不與他吏多生事害人好人家子孫做了吏便害民你陵戶中間揀選識幾個字的點得人名便罷你陵裏有甚麽大事一年祭祀輪一

遣將的豬來祭了吃了豬去將的羊來祭了吃了
羊去
是年八月初二日欽遣內官張林取親鄰二十家
赴京張林奏鳳陽親鄰二十家取到了衣服藍縷
不能朝見奉聖旨著尚衣監每人與他衣一襲靴
帽各一件穿了來見次日早朝張林引見於謹身
殿上謂曰朕與諸父老久不相見敘布衣故舊之
情於奉天殿左廡之下筵宴光祿寺官奏二十家
筵宴桌席無處收奉聖旨著禮部每人與他黃龍
袱一個包收桌席免謝恩送會同館安歇次日早

朝罷上宣二十家見攜覽宮殿朝皇太后奏太后

二太似疑衍旨每人與他蘇木胡椒各一觔路費鈔五

十貫上賜每人鈔五十貫謝恩畢上親送出西長

安門叩辭馳驛還八月十八日給事中徐日新奉

旨說與鳳陽親鄰二十家老的們路途遙遠江河

雨雪不便今後不必來了教他家裏逢著時節買

炷好香燒獻天地教訓子孫讀書休惜課錢遵奉

鄉飲酒禮東魯山西魯山馬鞍山萬歲山都與他

教兒孫鞍馬出入行鷹放犬採獵打圍弓箭我都

不禁他們的

十九年夏四月甲辰賜鳳陽富民年八十以上爵

社士九十以上鄉士皆與縣官均禮復其家太祖本紀

二十二年十一月遣太常博士薛文舉致祭鳳陽

皇陵鳳陽新書

二十九年正月詔鳳陽士民興水利

鳳陽新書洪武二十九年正月二十八日戸部尚

書郁新等欽奉聖旨向言漢高祖豐縣生沛縣長

後因舉兵沛縣民從豐縣民與高祖戰因此大定

天下後從高祖者免其糧差曾附楚與高祖戰者

不免糧差朕因天更元運豪杰並生遂從諸雄入

伍一年餘方有民從帥而南行首駐滁陽次駐和陽已而東渡大江秣馬厲兵與羣雄並驅一十八年西定荆楚東平吳越南撫閩廣北入中原席卷長驅天下遂定民庶安居百神奠位思父母之英靈葬鍾離之西鄉其鍾離也朕昔寒微乃父母之邦況陵於是土思父母之恩無以上報故將鍾離土著舊民全免糧差其四鄉之民雖不同鄉社同鍾離一邑之民意在望民人皆喜色以安我父母之英靈所以免其糧差為此近因興民之利除民之害命工部差能幹人員著令府州縣大起民夫

衆輕易舉修作塘堰以備雨水愆期設若水患去
處隄以防之免傷民稼有來告者民有不肯趨事
赴工有買囑官吏偷安者或有人言亦有非土民
當籍土民之時有等買囑官吏詐稱土民而在籍
者吁亘古至今爲民趨事赴工理當之事全免糧
差天高地厚之恩除漢其餘罕有比思挑塘一節
朕之號令衆輕易舉乃有訴難者無乃不知恩而
鬼神鑒見若依朕命逢農隙之時羣民併力修隄
挑塘作堰廣創積水處不數年間塘堰滿野雖有
一時亢旱不爲民之害不亦美乎今土民不思各

各散布鄉村所種水陸田地犬牙布列用水則同何其怨之甚耶命戶部差人着落鳳陽府清土民非土民者許里甲隣人出首到官賞鈔五十錠詐稱土民治以重罪能自首者與免本罪若土民既清盡編爲陵戶祠祭署提調灑掃潔淨均派四時節令大小祭祀除祭祀之外糧差盡免凡遇池塘隄堰工作其家各有水陸田地設若塘堰做作均沾其利何故不肯趨事赴工爾戶部禮部均派戶數明定時節務要結成義社使土民遵守

建文四年秋七月蠲鳳陽租一年成祖本紀時成祖即位

成祖永樂元年鳳陽饑明史五行誌

四年臨淮大水徙縣治于曲陽門外臨淮誌

七年二月北巡壬午發京師戊子謁鳳陽皇陵成祖本紀賞陵戶及諸親戚耆老人鈔有差鳳陽新書

八年春正月癸巳免去年鳳陽水災田租　秋七月辛巳賑鳳陽饑

十一年春二月乙丑發京師辛未次鳳陽謁皇陵以上並成祖本紀

十三年鳳陽旱明史五行誌　十二月蠲鳳陽田租成祖

本紀

十四年秋九月戊申發北京冬十月丁丑次鳳陽祀皇陵成祖本紀

十八年皇太子謁皇陵

時仁宗以青宫謁陵畢周覽仁祖所遺石農器對侍郎張本學士楊士奇曰國家帝業所自也鳳陽新書

二十一年夏五月癸未免鳳陽府去年水災田租成祖本紀

英宗正統二年鳳陽四五月淮水漲漂民禾稼明史五行誌

按英宗本紀是年六月庚辰副都御史賈諒侍郎鄭辰賑河南江北畿江北蓋卽鳳陽也因無鳳陽地名故不錄以後或言南畿災及賑南畿者並同

五年夏鳳陽蝗

六年夏鳳陽蝗並明史五行誌　冬十一月癸丑免鳳陽府被災糧稅英宗前紀

七年五月鳳陽蝗　自五月至六月霪雨傷稼

十二年夏鳳陽蝗

十三年五月至六月鳳陽久雨傷稼

景帝景泰四年鳳陽八衛二三月雨雪不止傷麥饑以上並明史五行誌　五月丁丑發淮安倉賑鳳陽景帝本紀

五年秋七月鳳陽大水明史五行誌

英宗天順元年冬十月丙辰釋建文帝幼子文圭及其家屬安置鳳陽英宗後紀

明史諸王列傳惠帝少子文圭年二歲成祖入幽之中都廣安宮號爲建庶人英宗復辟憐庶人無罪久繫欲釋之左右或以爲不可帝曰有天命者任自爲之大學士李賢贊曰此堯舜之心也遂請於太后命內臣牛玉往出之聽居鳳陽婚娶出入使自便與閽者二十人婢妾十餘人給使令文圭孩提被幽至是年五十七矣未幾卒

七年五月鳳陽大雨傷二麥

憲宗成化四年鳳陽饑

八年七月鳳陽大雨壞皇陵牆垣

十二年八月鳳陽大水

十三年正月己巳鳳陽臨淮地震有聲

十四年八月鳳陽大雨沒城內居民以千計

十五年鳳陽旱

十七年　月甲寅鳳陽地震

十九年鳳陽饑以上並明史五行志

孝宗宏治元年始差神宮監黄觀奉侍守護皇陵

鳳陽新書

八年三月巳酉鳳陽州縣暴風雨雹殺麥

十三年十月戊申鳳陽地震以上並明史五行誌

十五年秋八月庚戌以南京鳳陽雷雨大風江溢

爲災遣使祭告勅兩京羣臣修省孝宗本紀

十七年鳳陽洊饑人相食

武宗正德元年正月辛丑鳳陽紅光發與日同色

聲如雷　七月鳳陽大雨平地水深丈五尺沒居

民五百餘家

三年鳳陽饑並明史五行誌　十一月乙未賑鳳陽饑武宗

七年鳳陽旱 明史五行誌 是年流賊至王莊民盡逃散 鳳陽新書 按武宗本紀正德六年自畿輔迄江淮楚蜀盜賊殺官吏山東尤甚道路梗絕靈璧縣誌言正德六年流賊楊虎作亂十一月攻陷靈璧而鳳陽致仕指揮尹令奏請修城疏內亦言正德六年流賊趙鐩等大肆兇殘新書所稱流賊蓋即此與而紀年小異

九年鳳陽旱 六月甲辰鳳陽地震

十二年鳳陽大水

十五年鳳陽旱

世宗嘉靖元年七月鳳陽大風雨雹河水泛漲溺死人畜無算

二年春正月鳳陽地震 以上明史五行誌

二月御史高越奏請修鳳陽城 鳳陽新書

四年八月癸卯鳳陽地震聲如雷九月壬申復震

六年鳳陽旱

八年鳳陽饑 以上明史五行誌

十年春二月甲戌免鳳陽被災秋糧 世宗本紀

十一年巡撫都御史劉節奏請修鳳陽城 鳳陽新書

三十一年二月癸亥鳳陽地震有聲

三十二年鳳陽饑 並明史五行誌

三十三年致仕指揮尹令奏請修鳳陽城 鳳陽新書

三十四年五月庚子鳳陽大水壞民田舍明史五行志

三十六年致仕指揮尹令復奏請修鳳陽城鳳陽新書

穆宗隆慶二年鳳陽大旱

神宗萬歷元年鳳陽饑民多爲盜

三年八月鳳陽大水並明史五行志　秋八月戊子免鳳陽被水田租本紀神宗

五年春正月己酉詔鳳陽力舉營田本紀神宗

七年五月鳳陽大水八月又水明史五行志

九年夏四月乙卯賑鳳陽災

十三年夏四月戊申以旱詔中外理冤抑釋鳳陽輕犯及禁錮年久罪宗　九月戊戌賑鳳陽災神宗本紀

守備太監韓壽奏請修鳳陽城鳳陽新書

十四年九月己未發帑遣使賑鳳陽災神宗本紀

二十二年七月鳳陽大水

二十三年十二月癸亥皇陵樹巔火出延燒草木並明史五行誌

二十七年冬十一月癸酉賑鳳陽饑神宗本紀

三十一年夏五月戊寅鳳陽大雨雹毀皇陵殿脊

神宗本紀五行誌同

三十二年臨淮知縣賈應龍請免附郭臨淮誌

三十三年夏五月丙申鳳陽大風雨毀陵殿神座神宗本紀五行誌同

四十年南畿洊饑鳳陽尤甚

四十五年五月甲戌鳳陽地震乙亥復震並明史五行誌

熹宗天啟七年春正月辛未賑鳳陽饑熹宗本紀冬十一月甲子安置魏忠賢於鳳陽時莊烈帝已即位己巳魏忠賢縊死莊烈帝本紀

宦官魏忠賢傳天啟七年秋八月熹宗崩信王立

嘉典貢生錢嘉徵劾忠賢十大罪帝召忠賢使內侍讀之忠賢大懼急以重寶啗信邸太監徐應元求解應元故忠賢博徒也帝知之斥應元十一月遂安置忠賢於鳳陽尋命逮治忠賢行至阜城聞知縊死

六年鳳陽惡鳥數萬兎頭雞身鼠足供饌甚肥犯其骨立死明史五行誌　臨淮誌此鳥雉冠鳩身兎蹄飛如兵戈之聲自北而南

八年春正月丙寅張獻忠陷鳳陽焚皇陵樓殿留守朱國相等戰死壬申徐州援兵至鳳陽張獻忠犯廬州二月甲午以皇陵失守逮總督漕運尚書

楊一鵬等集市莊烈帝本紀

明史流賊傳崇禎八年流賊大會於滎陽十三家七十二營議拒敵未決李自成進曰官軍無能爲也宜分兵定所向利鈍聽之天皆曰善乃議革裏眼左金王當川湖兵橫天王混十萬當陝兵曹操過天星扼河上高迎祥張獻忠及自成等略東方老𤞑𤞑九條龍往來策應陝兵鋭益以射塌天改世王所破城邑子女玉帛惟均衆如自成言先是南京兵部尚書呂維祺懼賊南犯請加防鳳陽陵寢不報及迎祥獻忠東下江北兵單固始霍邱俱

失守城燔壽州陷潁州乘勝陷鳳陽焚皇陵留守署正朱國相等皆戰死事聞帝素服哭遣官告廟逮漕運都御史楊一鵬棄市以朱大典代之大徵兵討賊賊乃大書幟曰古元眞龍皇帝合樂大飲自成從獻忠求皇陵監小閹善鼓吹者獻忠不與自成怒偕迎祥西趨歸德獻忠獨東下廬州

明史忠義尹夢鰲傳賊由壽州犯鳳陽鳳陽故無城中都留守朱國相率指揮袁瑞徵呂承廕郭希聖張鵬翼周時望李郁岳光祚千戶陳弘祖陳其忠金龍化等以兵三千逆賊上窯山多斬獲俄賊

數萬至矢集如蝟遂敗國相自刎死餘皆陳沒賊
遂犯皇陵大肆焚掠知府顔容暄囚服匿於獄賊
釋囚獲之容暄大罵賊杖殺之血浸石階宛如其
像滌之不滅士民乃取石立冢建祠奉祀推官萬
文英臥病賊索之子元亨年十六泣語父曰兒不
得復事親矣出門呼曰若索官何爲我卽官也賊
縶之顧見其師萬師尹亦被縶紿賊曰若欲得者
官耳何縶此賤隷賊遂釋之元亨乃極口大罵賊
怒斷脛死文英獲免容暄潼關人文英南昌人皆
進士一時同死者千戶陳永齡百戶盛可學等四

十一人諸生六十六人舉人蔣思宸聞變投繯死
後給事中林正亨錄上其狀贈䘏有差楊一鵬傳
崇禎六年一鵬以兵部左侍郎拜戶部尚書兼右
僉都御史總督漕運巡撫江北四府鳳陽軍民素
疾守陵太監楊澤貪虐引賊來寇八年正月賊遂
攻陷鳳陽焚皇陵燒龍興寺燔公私廨舍二萬二
千六百五十戮中都留守朱國相指揮使程永齡
等四十有一員殺軍民數萬人先是賊漸逼江北
兵部尚書張鳳翼請勅一鵬移鎮鳳陽溫體仁格
其議賊驟至一鵬在淮安遠不及救帝聞變大驚

素服避殿親祭告太廟遂逮一鵬及巡按御史吳振纓守陵官楊澤先自殺一鵬棄市振纓戍邊

朱大典傳八年二月流賊陷鳳陽毁皇陵總督楊一鵬被逮詔大典總督漕運兼巡撫廬鳳淮揚四郡移鎮鳳陽時江北州縣多陷明年正月賊圍滁州連營百餘里總兵祖寬大破之大典會總理盧象昇追襲復破之急還兵遏衆於鳳陽賊始退

張鳳翼傳賊將南犯鳳翼請以江北巡撫楊一鵬鎮鳳陽防護皇陵温體仁不聽鳳翼亦不能再請

八年正月賊果燬鳳陽皇陵言官交章劾鳳翼鳳

翼亦自危引罪乞罷帝不許令戴罪視事初賊之犯江北也給事中桐城孫晉以鄉里爲憂鳳翼曰公南人何憂賊起西北不食稻米賊馬不食江南草聞者笑之事益急始令朱大典鎭鳳陽尋推盧象昇爲總理與洪承疇分討南北而賊已蔓延不可制矣

奸臣温體仁傳賊犯鳳陽南京兵部尚書呂維祺等議令淮撫操江移鎭體仁卻不用既而賊大至焚皇陵給事中許譽卿言體仁納賄庇私貽憂要地以皇陵爲孤注原廟震驚誤國孰大焉

江南通誌朱國相署正留守事流賊張獻忠由壽春攻鳳陽國相率營兵接戰於上窰山生擒賊騎二人射死甚衆頃之賊萬騎俱至矢如蝟集遂自刎死時留守中衛指揮陳宏道力戰死之

顏容暄知鳳陽府流賊犯境遣兵同朱國相與接戰及聞敗暄冠帶坐堂上罵賊不屈賊殺之火其屍於堂階石上血漬成形宛如其像郡人立冢建祠祀焉府誌並同

寄園寄所寄鳳陵之難太守顏容暄四服避獄中被執杖而後殺之留守司朱國相千戶陳宏祖陳

其忠俱遇賊戰沒於陣尚有指揮程秉齡等九人千戶盛可學等八人百戶上官榮等二十人鎮撫二人內官崔臣等十人俱被殺按顏太守之死通誌府誌所記與明史及寄園之說不同邑人尹嶸有詩辨之

臨淮誌是年流賊犯境攻城不克縱火焚西關民舍遁去自後九年十年皆有流賊犯境

十四年八月鳳陽皇陵大殿內有紅白二狸晝見若婦人衣彩迭升神座奉祀官軍捕之不獲鳳陽府誌

十五年六月逮鳳陽總督高光斗以馬士英代之

奸臣馬士英傳崇禎十五年六月鳳陽總督高光

斗以失五城逮治禮部侍郎王錫袞薦馬士英才
堪任用延儒從中主之遂起兵部右侍郎兼右僉都御
史總督廬鳳等處軍務
十六年九月鳳陽地屢震明年正月庚寅朔鳳陽
地復震明史五行誌五月四鎮劉澤清劉良佐兵自壽
春東下取臨淮攻圍月餘四關鄉村焚劫殺掠殆
盡臨淮縣誌
按明時鳳陽災異獨賑通誌府誌鳳陽新書臨淮
縣誌所載與明史本紀五行誌同者十之一不同
者十之九蓋正史所載多據當時實錄各省及郡

縣所記或得之傳聞或得之目擊不盡上聞故多
不同今據正史所載列於前其見於他書者亦附
錄以備參考江南通志正統十三年賑鳳陽饑民
明正統宗景泰二年鳳陽大饑發廣運倉賑濟明典彙四
年鳳陽大水蠲免本年稅糧明典彙成化七年以水
災免鳳陽夏稅明正統宗十九年鳳陽府被災秋田糧
免十分之三其餘七分除存留外每石折徵銀二
錢五分續文獻通考正德元年鳳陽等府大水令巡撫
加意賑䘏明典彙嘉靖三年發帑金十五萬兩分賑
鳳淮二府明典彙五年免鳳陽被災稅糧應解物料

暂且停征续文献通考 隆庆三年免凤阳府铁麻料价银军饷银民壮银续文献通考 万历九年凤阳灾动支库银仓谷赈济明纪 十七年因灾免凤阳起运麦米十之五又南粮水兑十之三旧通志

凤阳府志正德四年夏大旱蝗飞蔽日岁大饥人相食 嘉靖元年元旦凤阳地震夏蝗冬气暖如春草木皆花间有实 二十一年正月朔昼晦星见飞鸟归巢 三十一年淮河大溢 天启元年春大雪深丈余 崇祯四年四月十二日凤阳府文庙焚一时殿庑俱尽 七年八月李树结实如

王瓜形童謡云李樹結王瓜百里無人家明年正月遂有流賊之變　九年鐘樓鐘不擊自鳴　十一年五月大雷雨晝不見人　十三年大飢草木根皮食盡四月大疫百里無人蹤　十五年五月雷劈鼓樓大柱火起　十六年黃河溢由渦入淮漂沒廬舍　十七年春雨黑豆

鳳陽新書永樂元年蝗　十五年蝗　宣德五年蝗　正統二年大水　景泰四年六月大旱十月大雨雪至明年二月不止　成化十年春水詔免秋租　十七年秋霪雨三月不止菽粟無成　二

十三年大飢人相食　宏治元年大旱民大飢　六年大雪自
二年冬大雪平地三尺民多凍死
九月至明年二月　十二年大水　正德元年地
震有聲　二年大水蝗　四年夏大旱蝗飛蔽日
大飢人相食　六年春旱無麥入夏霪雨冬大雪
十二年夏大水禾盡沒　嘉靖元年正月朔逓震
夏蝗冬大飢　二年夏旱風霾人相食詔戸部尚
書席書來賑秋大雨三月冬陰三月　三年大飢
斗米銀五錢人相食　八年蝗飛蔽天　十五年
夏秋大水冬大雪　十九年旱　二十一年春正

月朔晝晦星見飛鳥歸巢　二十三年旱蝗民饑流賊盡逃　二十八年大荒　四十五年夏大水禾盡沒民舍漂溺　隆慶三年夏大旱秋大雨水平地行舟　萬曆元年四月雨雹　五年九月彗星見於西南十數丈尾向東南至十月終乃沒　八年春大雨無麥秋旱無禾九月彗星出東南長數丈至十月終乃沒　十六年春正月至夏六月始雨　十七年春正月至八月不雨淮河干井泉枯野無青草流徙載道　二十一年淮水漲平地行舟　四十七年大旱無麥禾民食樹皮餓死者

半八月彗星如大旗出東南十月終乃沒　四十八年秋七月壬寅烈風暴雨牆屋盡偃淮水大漲陸地行舟　臨淮縣誌正統二年大水進城　宏治六年大雪三月　正德三年蝗大飢疫　六年大水灌城　九年大水　十二年夏大水衝塌北城官民房屋過半　嘉靖元年蝗　二年大疫三年大疫人民死亡過半　十一年大水西壩一帶崩圮　二十二年二十四年三十四年四十五年並大水灌城　隆慶二年五月朔日食天地晦　萬歷五年大水灌城　十六年大旱　二十一

年大水進城　三十三年大水東壩衝倒三十餘丈　四十七年大飢人相食　天啟二年地震　六年旱蝗　七年水蝗　九年旱流賊犯境　十年赤風自西北來火氣逼人流賊犯境　十二年飢　十三年大飢疫人相食　十四年飢　十五年地震

國朝

順治二年

詔免江南稅糧十分之七兵餉十分之四永除明末無藝之徵江南通誌

六年水獸見於淮五月淫雨八晝夜淮水衝臨淮城東北僅露梁口南西兩隅如小洲官廨學舍民居盡爲漂没四鄉禾麥淹損十之八九臨淮縣誌

八年臨淮有烏高二尺許狀如鶩鷺飛食蝗不爲災府誌臨淮縣誌同

十一年冬十月臨淮曲陽門內火燬民舍數百間臨淮縣誌

十二年四月淮漲鳳陽府誌

十五年改臨淮爲小縣裁儒學教諭臨淮縣誌

十七年鳳陽縣儒學訓導奉裁鳳陽府誌

康熙元年鳳陽水照分數蠲銀有差江南通志

二年鳳陽水蠲銀有差江南通志水灌臨淮城臨淮縣志

三年秋水

四年夏水灌城

五年秋水冬臨淮縣署火冊籍無遺

六年蝗以上並臨淮縣志是年鳳陽縣衙舍從山後移入城內見府志城池篇其公署篇又稱移縣署在康熙三年也

七年六月十七日鳳陽地大震七日乃止是歲水荒府志水灌臨淮城地大震傾塌城垣民舍無算臨淮縣志

八年五月雨雹

九年夏大水二麥浥爛無遺

十年夏大旱蝗禾麥皆無人食樹皮安撫

題請發正賦銀賑濟以上並臨淮縣誌

十一年旱蝗停徵九年以前未完錢糧發粟按籍

分賑江南通誌

十三年鳳陽被災蠲免銀米有差

十四年鳳陽被災蠲銀有差並江南通誌

十六年復設鳳陽縣儒學訓導臨淮縣教諭鳳陽府誌

十七年大旱

十八年淮南大飢並鳳陽府誌 照分數蠲賑江南通誌

十九年夏大雨經旬不止城內水深二尺

二十年夏秋旱並鳳陽府誌

二十五年旱發鳳陽倉銀米賑濟江南通誌 自此以後府縣誌皆未修災賑無可考僅照江南通誌所載錄之

二十七年蠲免二十八年地丁各項錢糧

二十八年豁除積年民欠錢糧

三十二年夏旱

三十七年因頻年水患蠲免康熙三十八年一切地丁銀米以上並見江南通誌

三十八年以去年鳳陽水災蠲免康熙三十七年未完地丁銀米

四十一年蠲免康熙四十二年地丁銀米以上並見江南通志

四十四年蠲停鳳陽府屬被災地方銀米

四十五年蠲免康熙四十三年以前未完銀米

四十六年蠲免康熙四十七年地丁銀

四十七年蠲免康熙四十八年地丁銀

五十一年蠲免康熙五十二年地丁銀其歷年舊欠亦併免徵

五十二年旱蠲賑有差

雍正六年蠲免臨淮水災田銀

七年免雍正八年地丁銀

九年免鳳陽臨淮銀米

十二年水照災分數蠲免地丁錢糧有差

十三年

今上即位將雍正十二年以前民欠錢糧一并寬免以上

見江南通誌

乾隆元年

賜老民老婦絹布米肉有差

三年旱成災六七八分

四年水成災六七分

六年水成災六七九分

七年大水成災九十分

八年旱成災五分

九年水成災五分

十年水成災五分

十一年水成災七八九分

十二年奉

恩旨鳳陽臨淮地丁屯折銀全數蠲免

十三年旱成災五分

十四年水成災七八分

十五年水成災七八分　是年

賜老民老婦絹布米肉有差

十六年

賜老民老婦棉絹肉米有差

十七年旱蝗成災五分

十八年大水成災五七九分

是年冬裁臨淮縣併入鳳陽縣臨淮知縣縣丞典史儒學教諭訓導皆裁汰鳳陽縣添設主簿巡檢

分儒學訓導管臨淮鄉學事

二十年大水成災八九十分　是年築府城

二十一年春大疫夏秋水成災五分　是年移建府學修建知縣縣丞主簿巡檢府學教授縣學教諭鄉學訓導鳳陽衛守備壽春營分防把總各衙署

二十二年水成災八九十分

二十五年水成災五七分

二十六年水成災五七分　是年賜老民老婦綿絹米肉有差

三十二年水成災五六八分

三十三年旱蝗成災五七九分

三十六年水旱通縣成災五七八九分

三十八年夏秋大水成災七九十分　是年

賜老民老婦絹布帛肉有差

三十九年旱蝗成災五七八分

鳳陽縣誌卷之十五全

【康熙】太平府志

（清）黄桂、宋驤等纂修
（清）李敏迪、曹守謙增修

清康熙十二年（1673）刻康熙四十六年（1707）增刻本

祯祥灾异附

稽歷代天文志月與金水木土犯南斗多而久者書餘不書不勝書也熒惑犯南斗必書南斗郡分野熒惑疆所候也月五星犯北斗權星必書權屬

揚州也災祥見於地者各有分域餘從同

周考王十三年大雹江凍 嬴秦非子始受封之年

漢惠帝五年夏大旱江水少谿谷絕

呂后三年夏江水溢

八年夏江溢 按上四條未明繫其地以本郡濱江故載之

景帝前三年十月丙子熒惑與辰星晨出東方因守斗十二月熒惑辰星合於斗夏六月熒惑逆行守北辰

元帝初元元年四月客星大如瓜色青白在南斗

第三星東

和帝永元七年十二月丙辰熒惑太白俱在斗

安帝永初二年太白入斗中者再

延光二年七月丹陽山崩四十七所

順帝永和二年八月庚子熒惑犯南斗

四年七月壬午熒惑入南斗犯第三星

桓帝建和元年揚州饑遣府掾分行賑

靈帝熹平元年十月熒惑入南斗

二年八月辛未白氣如疋練衝北斗第四星

獻帝建安元年江淮饑民相食

九年有星變占者劉惇曰災在丹陽其日當驗至

日丹陽守孫翊爲邊鴻所害

三國 吳主孫權黃武三年 江東地震 按三國紀事舊書蜀漢建興年號者祖述朱紫陽綱目尊正統之義也然而地不相屬事應必分故編年止從吳國年號爲是

黃龍三年 夏有野蠶成繭大如卵

嘉禾六年 五月江東地震

赤烏二年 正月江東地再震

四年 正月大雪平地三尺鳥獸多死

十一年　江東地震

十三年　五月日至熒惑逆行入南斗秋七月犯魁第二星而東入月丹陽諸山崩洪水溢吳主詔原逋責給貸種食

大元元年　秋八月朔大風江海涌溢平地水深八尺高陵松栢斯拔

吳主亮五鳳元年　七月江溢冬十有一月白氣出南斗側廣數丈長竟天星茀於牛斗

吳主休永安六年　白燕見慈湖

晉武帝泰始三年即吳孫皓寶鼎元年丹陽民宣騫母年八十

偶浴化爲黿諸子閉戶守之掘堂上作大坎實水其中黿入坎遊戲一二日延頸外望伺戶小開躍入遠潭不復還

八年八月丹陽地震

九年正月丹陽地震

十年十二月己亥丹陽地震

惠帝元康五年六月揚州大水詔遣御史巡行賑貸十二月丹陽雨雹尋大雪

六年五月揚州大水

永康元年熒惑入南斗

永興元年熒惑犯歲又入南斗是年丹陽內史朱

達家犬生三子皆無頭後達爲揚州刺史所殺

懷帝永嘉三年填星久守南斗夏大旱江竭可涉

六年秋七月歲星熒惑太白填星聚於牛斗

元帝大興元年四月丹陽地震九月太白犯南斗

江東大饑詔百官言事

永昌元年閏十二月丹陽旱川谷俱竭

二年大將軍王敦下據姑孰百姓訛言行蟲病食

人大孔數日入腹入腹則死治之有方當得白

犬膽爲藥又云始在外時當燒鐵灼之於是翕

然被燒灼者十七八白犬暴貴價十倍至相奪

是年五月丹陽大水

明帝太寧元年五月丹陽大水

三年十一月朔日食在昴至斗牛

成帝咸和元年十月辛卯宣城春穀縣山岸崩獲

石鼎重二斤受斛餘

四年七月丹陽宣城大水

咸康元年二月揚州諸郡饑遣使賑給三月熒惑守南斗經旬王導謂領軍將軍陶回曰斗揚州之分吾當遜位以厭天譴回曰公以明德作輔而與桓景造膝熒惑何以退舍導深愧之時丹陽尹桓景諂巧而導親愛之故云

八年九月春穀縣留珪得玉鼎一外圍四寸豫州刺史路承獻之著作郎曹毗上玉鼎頌

穆帝永和元年三月廬江太守路永奏於春穀城北見水岸邊有紫赤光取得金狀如印遣主簿李邁表送或云春穀民又獲金一方長五寸狀如鐵券遂以爲明年桓溫平蜀受封

於此之兆然一年之內或無一地兩獲寶物之事且府舊志及蕪湖舊志俱止載其一意者一事而傳之者稍殊後人不察遂兩載之以見異耶

九年二月乙巳月入南斗犯第三星

哀帝興寧元年四月揚州地震

帝奕太和六年六月大水丹陽諸縣稻稼蕩沒

孝武帝太元元年四月丙戌熒惑犯南斗第三星

丙申又掩第四星

六年揚州大水江東大饑

九年四月陽穀獻白兎舊志載太和九年今考帝奕太和止六年而無九年

且春穀之改爲陽穀在太元又年則此宜在太元九年無疑

十一年三月客星在南斗至六月乃沒

安帝隆安五年正月太白自去年十二月在斗晝見至於是月

元興二年六月甲辰月奄斗第四星

義熙四年三月丹陽淮南地生毛

六年劉毅追盧循發姑孰大風拔木毅敗績坐貶

宋文帝元嘉三年三吳大水詔以丹陽郡米穀數十萬斛賜遭水人

八年六月丁亥繁昌獻白兔　揚州諸郡旱
十二年六月丹陽淮南大水邑里乘船
二十一年六月連雨水
二十三年木連理生當塗揚州刺史始興王濬以
聞
二十四年六月丹陽大水疫癘遣使行郡縣給以
醫藥
二十五年二月己丑白麞見淮南太守王休獲以
獻

孝武帝孝建二年正月庚戌白兎見淮南太守申坦以聞五月乙未十月甲辰熒惑再入南斗

三年十二月塡星熒惑辰星合於南斗舊志載三年宣城甘露降毛龜見太守張辯表以爲瑞按此時宣城自爲郡雖與淮南郡同隸豫州而彼郡之事與淮南無涉故芟之

大明二年白鹿見丹陽太守劉蘊以聞宣付史館按蘊守宣城稱丹陽誤且丹陽不宜稱守又誤仍史舊文爾

五年十二月戊寅淮南松木連理豫州刺史尋陽王子房以聞

七年十一月癸巳帝習水軍於梁山有白雀一
華蓋有司奏改大明七年爲神爵元年詔不許
於博望梁山立雙闕

八年正月月入南斗魁中掩第二星二月犯第四
星四月犯第三星占曰大人有憂丹陽富之大
饑米升百餘錢人死枕藉於道

明帝泰始二年五月甲寅赭圻獲石栢長三尺二
寸廣三尺五寸揚州刺史以獻七月戊子白雀
見虎檻洲八月戊午嘉瓜生南豫州刺史山陽

王休祐以聞已未又獻蓮二花一蔕又藉折城
南得紫玉一段圍三尺二寸長一尺厚七寸攻
爲二爵以獻武文二廟

六年八月壬辰熒惑犯南斗

順帝昇明元年八月庚申月入南斗犯第三星閏
十二月癸卯又掩第四星

二年九月豫州萬歲澗廣數丈有樹連理隔澗騰
枝相通越壑跨水爲一幹

齊高帝建元元年九月甘露降淮南桃石榴二樹

十年五月庚戌七月巳巳月入南斗者再

武帝永明元年夏丹陽大水九月乙酉太白犯南

斗第三星

二年五月庚戌七月巳巳月入南斗者再

三年四月丁巳月在南斗宿食

四年丹陽縣獲白兎

五年二月乙亥三月丁亥熒惑填再合於南斗度

南豫州刺史建安王子貞獻金色魚一

十年五月巳巳月掩南斗第三星

東昏侯永元二年二月甲子八月戊申月犯南斗第三星者再

梁武帝天監元年江東大旱米斗五千民多饑死八月壬寅熒惑守南斗

普通元年七月江溢

中大通四年十一月熒惑入南斗十餘日出逆行復入六十日乃去

六年五月巳亥熒惑逆行掩南斗魁第二星遂斗口

大同十一年大雪平地三尺

元帝承聖元年淮南有野象數百壞人廬舍

陳宣帝大建十一年八月辛巳熒惑犯南斗

十四年七月江水赤自建康至荊州色如血

後主叔寶至德二年采湘州木擬造正寢柟至牛

渚磯盡没水中既而漁人見柟浮於海上

隋煬帝大業九年五月丁丑熒惑逆行入南斗色赤

如血如三斗器光芒長七八尺於斗中句巳而

行

十三年自淮及江東西數百里絶水無魚

唐高祖武德六年十二月壬寅朔日有食之在南斗十九度吳分也

太宗貞觀二年當塗崔姓家有駢竹之異觀察使崔準以聞崔氏改宅爲寺賜名瑞竹

八年江淮大水

高宗永徽元年六月山水暴出漂廬舍宣歙諸州大雨水溺死者數百人

顯慶五年二月甲午熒惑入南斗十六月戊申復犯

之南斗天廟去復來者其事久且大也按六月無戊申疑誤

總章元年江淮旱饑

中宗嗣聖九年即武曌如意元五月禁屠殺採捕時江淮旱饑民不得捕魚鰕餓死甚衆

玄宗開元二十七年七月辛丑熒惑犯南斗

肅宗上元二年江淮大饑人相食

代宗大曆二年九月乙丑熒惑犯南斗

七年江溢

十年歲星熒惑合於南斗占曰饑旱吳越分也

十三年十二月月太白歲星皆入南斗魁中

德宗貞元二年魚鼈蔽江而下皆無首五月江溢

四年宣州大雨震電有物墮地如豬手足各兩指

執赤班蛇食之頃之雲合不復見近豕禍也

八年七月江淮大水害稼溺死人漂没城郭廬舍

八月遣官宣撫

十七年宣州南陵縣丞李嶷死已殯三十日而蘇

順宗永貞元年秋江浙旱

十六年三月熒惑入南斗色如血斗吳越分野

血旱祥也

憲宗元和元年十月太白入南斗十二月復犯之

三年江南旱

四年秋江東旱

九年七月太白入南斗至十月出熒惑入南斗中

因留犯之南斗天廟又丞相位也宣州大水害

稼

十三年三月熒惑入南斗因逆留至於七月在南

斗中大如五升器色赤而怒乃東行非常也

穆宗長慶二年二月甲戌熒惑合於南斗占曰餘

旱是年江淮饑

三年三月江南宣歙旱遣使宣撫理繫囚察官吏

敬宗寶曆元年宣州大旱傷稼

文宗太和四年宣歙諸州大水害稼官出米賑之

五年三月熒惑犯南斗杓次星

七年宣州大水害稼

八年夏江淮大旱是歲月入南斗者五

開成四年正月丁巳熒惑太白辰聚於南斗西

溢大水害稼

武帝會昌元年七月江南大水

四年十月癸未，□與熒惑合遂入南斗

懿宗咸通十年宣歙兩浙疫

僖宗乾符五年有星隕宣州庭觀察使王凝尋卒

中和四年江南大旱饑人相食

光啓元年正月江水赤凡數日

昭宗景福元年六月孫儒攻楊行密於宣州有黑

雲如山漸下墜於儒營上狀如破屋占者曰營頭
星也

天復三年宣州有鳥如雉而大尾有火光如散星
集於戟門明日大火曹局皆盡惟兵械存

吳楊溥太和元年二月辛酉熒惑填合於斗

南唐元宗李景保大二年八月甲辰熒惑入南斗
十一年大旱井泉涸民饑疫死者過半

宋太祖開寶元年六月大雨水江河汎溢壞民田廬
舍

九年六月乙卯熒惑入南斗
太宗太平興國四年州大饑
七年五月蕪湖縣雨雹傷稼
八年六月江水溢溺死者衆九月颶風拔木壞解
宇民舍千八十七區
雍熙二年三月江南民饑許渡江自占四月遣使
振給
至道三年八月庚子熒惑掩南斗
眞宗咸平二年五月甘露降於州秋旱賑之

四年正月四月九月月犯南斗魁者三十二月丙寅太白晝見於斗

景德元年閏九月庚戌熒惑犯南斗旱遣使決獄訪民疾苦祠境内山川

大中祥符三年秋七月江左旱蝗命張詠充使安撫十州

四年六月大水給民占城稻種擇民田高仰者蒔之

五年五月旱給占城稻種教民種之

禧四年二月三月四月五月閏十二月月犯南斗者五七月八月太白入南斗者再冬大稔

五年八月庚戌熒惑掩南斗魁壬午又掩南斗

仁宗天聖元年四月熒惑犯南斗魁八月癸巳又犯南斗

四年六月大水肆赦蠲租撫流民

明道元年江東饑

二年發運使以上供米百萬斛賑江淮饑民命范仲淹安撫江淮擷饑民所食烏昧草進御請示

六宮貴戚以戒修心冬十月癸巳朔十一月癸

亥太白犯南斗者再

景祐元年九月丙午熒惑犯南斗

三年九月癸巳熒惑犯南斗

寶元元年秋八月辛未熒惑犯南斗

皇祐五年八月乙巳熒惑犯南斗

嘉祐元年五月江溢

神宗熙寧六年十月賑江淮饑

元豐元年月犯南斗者三掩其西第五星東南二

[illegible][illegible][illegible]各一九月戊申庚戌太白犯南斗者再

哲宗紹聖三年五月乙巳八月丁卯九月甲午月

犯南斗者三江東大旱溪河涸竭

四年閏二月乙巳月犯南斗西第四星五月丁卯

又掩之八月己丑又掩之

元符三年八月丁巳熒惑犯南斗西第四星

徽宗崇寧元年五月丁巳熒惑退行入南斗魁戊

辰又犯之

大觀四年二月辛卯七月戊申月犯南斗者再

政和三年江東旱

五年六月水災

六年有木連理上之

重和元年詔監司督責州縣還集流民更遣廉訪使者六人賑濟東南諸路水災

宣和二年正月戊申熒惑犯南斗丙辰又入之十一月水災

高宗建炎二年水

十一月大旱

四年九月壬戌熒惑與歲星合於南斗

紹興二年至三年月入南斗魁中者三

四年六月熒惑犯南斗

六年正月丁亥熒惑與塡合於斗

七年二月丙申州大火官舍民廬殆盡六月旱

十二年二月辛卯太平蕪湖鎮江池州同日火

十三年五月水六月賑被水之民

十八年夏江東淮南旱

十九年七月戊申熒惑入南斗

二十三年夏宣州大水其流泛溢至太平州諸圩盡没
二十四年冬丹陽湖螭龍穿岸而出石臼湖氷合一螭自水中出繞丹陽湖有聲如雷
二十七年大水
二十九年十月有星自西南隕蕪湖東柳家山聲如雷光燭天化爲石高二尺色青黑如鐵邑令趙不吝恐惑衆投之水中
孝宗隆興元年江東大水蠲其租

年二月乙酉熒惑與歲星合於斗夏大水浸城郭壞廬舍圩田軍壘操舟行市者累日人溺死甚衆詔賑之并各官陳闕失七月熒惑犯南斗

乾道元年二月至九月月掩南斗者六

三年當塗宰韓琳行野勞農得雙岐之麥州民俞文復獻一莖六穗者因建瑞麥亭〇蝗賑之

五年五月庚午十月丁亥月入南斗者二

六年五月水城市有深丈餘者人多流亡詔被水縣分人戶今年身丁錢並與放免

七年三月旱賑之

八年州産雙白蓮於常平倉池中守臣胡元質以

聞更以名其樓

九年五月水漂民居壞圩湮田

淳熙二年石榴一本五苞生郡圃中石孝友作五

榴頌以獻

六年秋水壞圩田

八年五月巳卯熒惑入南斗十六月庚戌又犯之七

月戊寅又入之○州大饑發廩蠲租遣使

民有流入江北者令所在賑業之

元年春正月庚寅詔江浙旱傷州縣貸民稻種計

度不足者貸以樁積錢○蝗

十一年五月大霖雨禁諸州遏糴

十六年秋州産異麻合數幹爲一狀如芝州守洪

邁作頌以紀

光宗紹熙三年水

寧宗嘉泰元年旱賑之仍蠲其賦

嘉泰　年州民獻瑞麥有岐而兩者有岐而四者

舊志載嘉泰九年按嘉泰紀元自辛酉至甲子止四年乙丑改元開禧無九年故刪之

開禧元年旱賑之

嘉定二年九月己酉熒惑犯南斗○蝗旱大饑斗米數千錢人食草木詔七歲以下男女聽異姓收養著爲令

四年八月壬辰熒惑犯南斗

六年夏雨雹

八年六月詔江淮路諭民雜種粟麥麻豆有司毋收其賦田主毋責其租七月發米三十萬石

糶江東饑民

十六年冬十一月辛亥以太平州大水詔賑卹

理宗紹定元年秋七月戊戌熒惑入南斗

端平元年正月丙午太白熒惑合在斗五月當塗縣蝗

嘉熙元年十二月戊寅朔日食日與金木水火四星俱纏斗食將旣

三年八月癸亥熒惑太白合於斗

四年六月大旱蝗

淳祐六年九月甲子有流星出於斗尾跡青白照
地大如太白
景定元年五月乙未熒惑入南斗留五十餘
度宗咸淳七年江南大饑詔賑本州避難流民
恭帝德祐元年八月戊午熒惑入南斗江東饑疫
元世祖至元十七年冬大饑
二十年四月己亥七月癸亥太陰犯南斗者再
二十五年九月癸卯熒惑犯南斗
成宗元貞元年州民上榆木一本析之有文曰天

下太平夏大水

二年六月太平及諸路大蝗民飢各發粟賑之

大德二年夏四月大蝗

四年二月乙未寧國太平兩路旱以糧二萬石賑

之

泰定帝四年太平路大饑免其租稅仍賜粟賑兩

月

文宗至順元年閏七月江南大水壞田

二年水壞田

順帝元統元年熒惑入南斗留五十餘日
二年熒惑入南斗
明高帝洪武八年秋八月旱免太平府田租
十年夏大水免田租
二十六年四月太白經天大旱
章帝宣德九年自春至秋大旱江潮涸竭麥禾不
收民無粒食剥榆皮爲麵啖之又疫痢並興道
殣相望
英帝正統十四年七月熒惑入南斗久不退舍

純帝成化六年以水災免當塗蕪湖糧稅

敬帝弘治十六年十七年兩歲連旱大歉

毅帝正德二年二月地震有聲房屋動搖者移刻

四年八月內晚有天火一塊自西北東流忽散作

三段天鼓隨之歲大旱

五年洪水泛溢漂没民居魚穿樹杪舟入市中流

離播遷哭聲載道餓殍相仍死者不可勝數自

夏之秋水方退

八年麥秋至忽紅黃沙傷其根粒隨敗待哺而不

得食人以為異

十年沙殺麥如入年

十二年水火凶荒

十四年六月乙丑五鼓天雲赤明如旦雨如注同

時蛟出境内者五百餘處湧水蕩析民居甚衆

至秋潦水未退田禾盡萎民大饑死者載道

十五年春夏疫痢大作秋頗稔繁昌有野鵞羣飛

蔽空而下啄食田穀幾半

肅帝嘉靖二年二三四月大旱溪河涸耕者求于

知府傅鑰虔禱五月五日大雨一降然栽蒔遂

時禾僅半發

三年大饑人相食

八年大水以災奏免糧三分

九年舊水不退春雨連綿田疇成湖麥禾無收以

災傷奏免田租之半

十四年大旱蝗飛蔽天

十六年大水

十八年大水漂没民居

三十一年八月丁酉熒□犯南斗西南白日無雲而雷火光燭地山雉悉鳴移刻乃息

三十三年春大饑斗米三錢三錢者銀三錢也葢言穀價之翔貴也而從信錄以爲致治極盛之應似謬以爲錢三文則非也夫米粟即至狼戾何得有斗米三文之事況其爲大饑之歲也耶 六月熒惑犯南斗

三十六年七月蕪湖黑龍見蟂磯下水暴漲二丈許忽涸見底疑即蟂之翕張出没也

三十八年大旱米價騰貴有一人奪生葱療飢□及嘗復一人奪去其困延如此

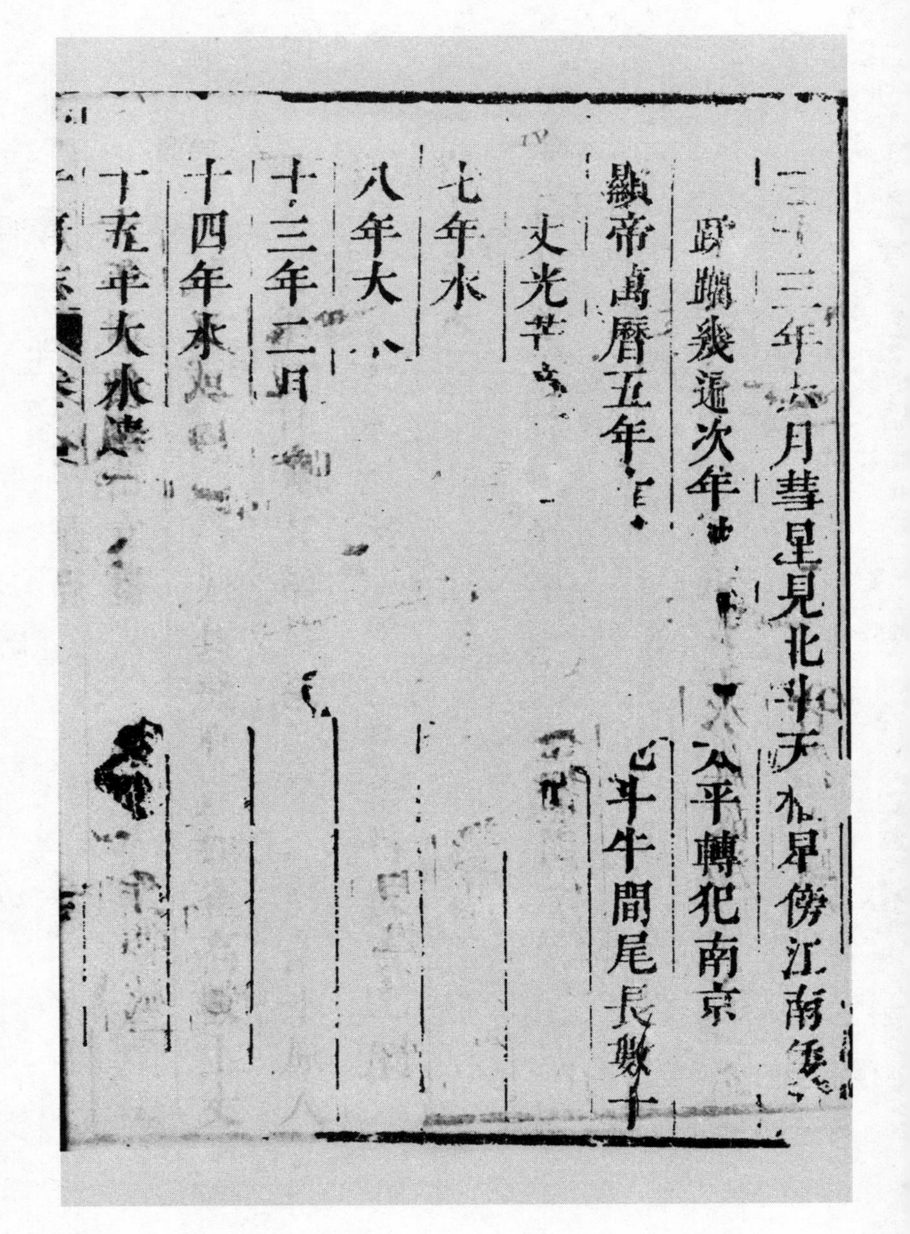
二十三年六月彗星見北斗天水旱傍江府縣
蹕蹕幾遍次年大水平轉犯南京
神宗萬曆五年冬十月己丑彗出斗牛間尾長數十
丈光芒竟天
七年水
八年大水
十三年二月
十四年水
十五年大水

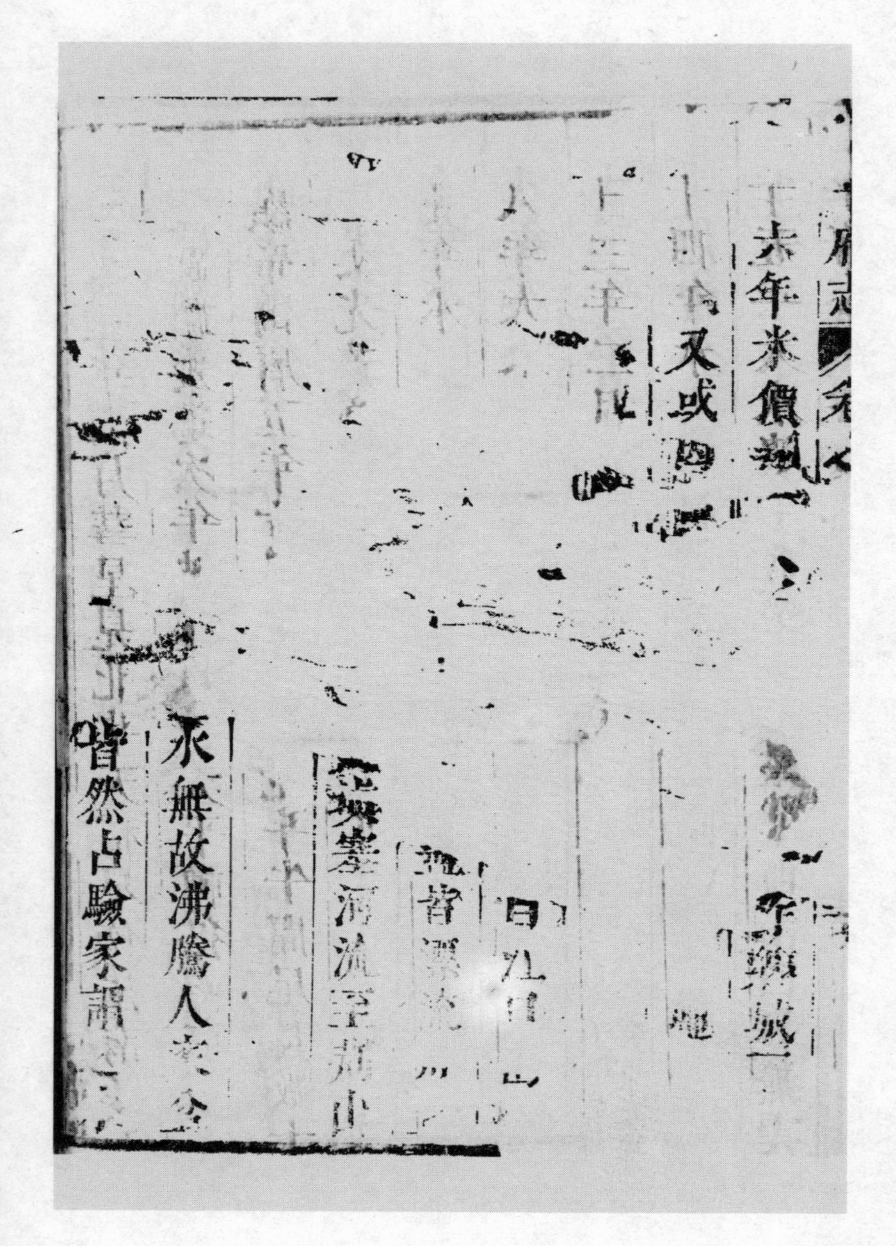

去年米價

又或四

縣城

曰九

皆溪流

溪流至市山

水無故沸騰人

皆然占驗家謂

祲

三十六年大水羣蛟齊發江漲丈餘圩岸皆[illegible]居漂沒由當塗至蕪湖陸路無復存者舟行屋上禾麥不收民劚草根樹皮以食

四十年水

四十一年大水湮沒[illegible]全官圩繁昌被害尤劇

四十四年二月大雪彌月深[illegible]尺[illegible]高[illegible]平原人手搏之夏蝗蝻爲災其飛有如雀高數十丈一下田畝食苗立盡

四十五年蝗尚爲災知府胡爾愷令捕之每里納數石如數受賞田中捕盡沿蘆葦樹木捕以塞責自是蝗患息

四十五年江北田鼠渡江水中彼此相負每羣千計至岸乃散每日不計其數月餘始止

四十六年蚩尤之旗朝見於東方本有小星末縱廣而曲約長三四十丈色〻一芒燭天月餘始沒夏有長星見亦長三四十丈月餘始沒

四十八年八月後貞帝泰昌元年春陰雨三月不散二月夜

有鳥飛鳴音如一串馬鈴聲甚哀遍城郡無
聞者人以爲九頭鳥或見其集梵刹大樹三月
乃去八月十一日地震有聲如雷本日乃貞帝
誕日
哲帝天啓元年大雪自去年十二月十五至正月
末旬始霽雪共深六七尺野鳥多餓死者
三年春民間產子眼鼻俱在腦後面畧具人形無
下體又一人產物如鴉狀無羽毛倏化爲血夏
六月有神降於府之東郊附愚民身多言人陰

事人翕然信之閏十月壬辰夜有火龍墜院側巷天矯動盪長丈餘光閃爍忽遊入民居則形甚小若蜈蚣頭兩角光微紫衆駭之送入水中

其冬城中火災四發十二月丁未申酉時地大震從西北方來虢虢有聲屋宇皆鳴墻垣有傾倒地縫有拆裂者

四年民彭姓家二鐵雞齊生卵十數枚抱之半月

六月大水七月賑之

六年繁昌縣治火妖衣笥書篋空房隙地不薪而

毀延燒數家

七年正月大雪自十五日起至廿四日始霽廿一

大雷電五月熒惑入南斗形成勾巳留守六十

餘日而後去

端帝崇禎三年五月壬辰蕪湖東門外雨毛方里

許其毛成叢如腐物上所生者九月癸卯申時

天鼓鳴夜有大星自西南流於東北火光燭人

踰時乃滅

六年九月辛卯申時有四天馬白色後隨小駒一

銀褐色由横山騰空自東北向西南越丹陽湖徃寧國去丁未大風異常飄瓦折樹人不能立先是旱兩月禾乾死至初九雨浹旬晚禾薄有存者至是盡爲風所隕無遺粒農夫束手對泣歲大饑

七年夏紅毛鼠從江北渡江南不可數計損人田禾青山更甚人殺之無骨無腸胃但皮裹青草耳或入人室被家鼠嚙殺之

八年繁昌西南隅龍鬬於池起冰雹驟集自西徂

東過獅子山麓池水盡涸大風伐木簸櫃飛入半空旋落

九年四月辛卯未刻天鼓鳴自西南方來其聲訇訇良久徃東北去櫥戶銅鐶皆動有聲似地震然聲在天上而几案未撼非地震也六月丙子夜有星大如斗色赤芒耀約十丈自西南流於東聲如雷

十一年大疫又患羊毛疹醫經所不載其病先類傷寒身熱三日出瘤疹脹甚投以藥皆死有嘔

得挑法鍼刺中指中節間出紫血少許去羊毛一莖隨愈由是轉相傳授始多活未幾老蝗死江淮吳楚間上下千里卑下水潦高原旱稿兼之飛蝗爲害飛則蔽天集則盈尺在樹拱把以下皆折

十二年蕪湖白燕生於民家

十三年大水復蝗九月甲午夜地震有聲從東至北而去

十七年旱蝗歲大饑兼病疫道殣相望

十六年冬至前一日氣蒸如初夏雷電交作乍晴乍雨雨如注

十七年六月一夜隕火十餘處照耀如白晝明年城破屠公署民居焚燒過半

大清

世祖章皇帝順治二年六月大雨雹暴風拔城內大木

五年夏六月蕪湖泮池生瑞蓮

七年正月朔日食既次日卯大雷雨一夜雨聲如吼虹見越六日不霽三月虎來采石鎮斃之

八年六月大雨水田半澇十月朔日食既移刻昏

黑雞犬驚號

九年二月望卯時地震其年大旱河水不流

十年冬大雪深三尺木多凍死

十二年十一月荻江江岸崩屋舍人民沉溺無算

先是傳其地有老蚌或夜出張半殼如蓬往來

江中甚駛出則江濤洶湧望其珠光出沒波間

至是岸崩人疑蚌所致

今上皇帝康熙二年九月大水忽發城內外皆渰沒市

民病涉禾已實而被浸壞者半

七年郡城東南隅楊家田有麥秀兩岐或三岐六月地大震房屋有傾倒者屢震後地中生毛引之出如抽絲可三尺許○九月蕪湖江中木簰遺火延燒簰散滿江自江入河房屋竹木艑者即爇魯港蕪湖江口如火龍蜒蜿而入燒死民人數十貨物無算

八年十月庚辰辰時雷電申酉戌時復大雷電壬午酉戌時又雷電其時石磯大濶薵花榮桃李

木芍藥俱華蠅蚋羣集蛇出夜大風甲申嚴寒酉時大雪十二月甲申辰時大雷電微雨天色赤明如夏晚雨霰

十年夏旱府縣官虔禱不雨冬大雪

四十五年四月麥大熟當塗縣迎恩坊王大福田產瑞麥一幹雙岐繼獻者廣義圩生員芮望友孟郙埠生員黃孫恒田俱產瑞麥呈報詳 府申詳各 憲稱一時盛事

四十六年夏大旱 太守率 縣令各屬員步禱

城隍廟親撰祈雨文爲民請命六月十四日雨
十六日立壇北郊黃山東嶽廟二處羽衣緇流
各四十八人十七十九日徵雨官員宿壇七日
七月初九日復立壇南郊　闔府官員暨紳士
人等科頭草履懇切步禱十七日酉時甘霖大
沛四野霑足枯苗頓起民樂西成時　太守高
陽李公諱皴廸字循吉乃　相國文勤公嫡孫
下車七載惠澤及民難以縷指其大者如溪河
羣流交滙商賈帆檣之往來絡繹不絕浮橋司

渡什伍爲朋肆其姦宄交結蟠固貽害客艘匪
朝伊夕公聞捕之并其黨悉寘諸法舟楫於是
乎稱利涉焉郡西郭外有金柱關從蕪湖榷司
分立爲宣歙諸商輸載竹木者計其後胥吏濫
觴踰越於黄山襄城橋舉擔囊負販之徒捜括
殆盡稅及錙銖百姓疲於私征怨讟益與衆
公爲懲革勒石永禁行旅欣欣然願出其塗矣
又姑孰地稱澤國數罹水患春夏天作霪雨則
雷轟風駛狂瀾湍激幾至懷阡襄陌公檄督屬

官氓隸堅築堤防間乘欵段親臨巡行爲視教導薄者厚之卑者高之虛者實之自是墉崇城峙如岡如陵雖大浸不能災也甲申歳旱魃爲虐公齋心恭恪屏儀衛撤騶從徒步虔禱俄頃陰雲四合甘雨隨車遐邇霑足苗之槁者頓蘇尤慮玉粒未登市穀方貴發倉廩以平糴禁懋遷於隣壤而民得免溝中瘠者不可勝計朔望宣講

上諭十六條誦法

御製訓飭士子文諄諄懇懇惟以孝弟力田敦行立品
涵育薰陶其父老子弟方春和時耕夫力勤畚
鍤公齎餱糧躬臨畎畝栽勸課詩手書便面以
賜其勞勤尤著者郊野喁喁有含哺鼓腹之風
由是刑清政簡獄訟止息門可張羅其有真實
赴愬間受一二牘勾攝惟行牌票追呼不差輿
皁就訊者至即於片晷剖枉直張讞詞决斷平
允靡不輸誠畏服嘗自題一聯於署中云行一
件虧心事幽有鬼神明有律受半分枉法贓遠

在兒孫近在身氷蘖賢聲口碑溢路無有懷慕
夜金以汚厥清操者日用薪米璵屑諸物低昂
一準之市價自鏹青蚨先期預給斗粟尺布從
未以官票取辦舖行黃穎川之寬和羊盧江之
儉約公殆兼而有之其時里巷小民謳吟愛戴
繪衣刻位尸祝勿諼人人有李青天之目他如
捐俸祿以修試院禁迎賽以厚民財釐城狐社
鼠之奸嚴溺女屠牛之戒皆本實心而行實政
以故仁恩翔洽德化覃敷感召天庥禎祥疊見

太和元氣醞釀在宇宙間而吾民亦得優遊南畝以盡力耕桑此雙岐之瑞所由馴致丕應漁暘盛事不得專美于古矣今歲九夏炎烝肥蟘肆虐較甲申爲更甚公爲民請命哀籲蒼旻至德感通滂沱大霈視鄰境尤爲優渥詩云芃芃黍苗陰雨膏之昔以之頌郇侯者今以之頌李公爰紀郡乘以彰天人協應之機并誌循牧撫綏之德焉

太平府志卷之三終

【乾隆】太平府志

（清）朱肇基修　（清）陸綸纂

清乾隆二十二年（1757）刻本

儷事志

祥異

五行傳說之作本諸洪範郡邑相沿迺率皆詳記特書以系者休咎之徵意存修省而非以貪好異語怪也獨是子産却禳鄭火失占天道之遠誠不若近即於土物爲顯而易明至夫歲之災眚莫先水旱螟疫兵火之間行與羣黎相關最切故著於事者較詳

聖世求寧饑疹之恤隱念必周有遠軼於漢唐令主者矣徵所闕記以彰信實是亦承流之責也夫

周孝王十三年大雹江東

漢惠帝五年夏大旱江水少谿谷絶

呂后三年夏江水溢　八年夏江溢

景帝前二年十月丙子熒惑與辰星晨出東方因守斗十二月熒惑辰星合於斗夏六月熒惑逆行守北辰占者以吳與六國反是其兆也

元帝初元元年四月客星大如瓜色青白在南斗第三星東

光武帝建武十三年揚部大疾疫會稽江左甚

和帝永元七年十二月丙辰熒惑太白俱在斗　十五年丹陽郡國並旱

安帝延光二年七月丹陽山崩四十七所

順帝永和四年壬午熒惑入南斗犯第三星來年九江丹陽賊周生馬勉等攻沒州縣

桓帝建和元年揚州饑遣府掾分行賑

靈帝熹平二年八月辛未白氣如匹練衝北斗第四星

獻帝建安元年江淮饑民相食　九年有星變占者劉惇曰災在丹陽某日當驗至日丹陽守孫翊爲邊鴻所害

吳主孫權黃武三年江東地連震

黃龍三年夏有野蠶成繭大如卵

嘉禾三年正月以兵役久困民歲不登寬諸逋勿復督課九月朔隕霜殺穀　六年江東地震

赤烏二年正月地再震步騭疏爲臣下專政之應與隕霜同說指呂壹也　三年以歳水旱穀損冬十一月民饑開倉廩以賑貧窮明年正月大雪平地三尺鳥獸死者大半　五年大疫　十一年江東地仍震　十三年五月日至熒惑逆行入南斗秋七月犯魁第二星而東八月丹陽諸山崩鴻水溢詔原逋責給貸種食

太元元年秋八月朔大風江海涌溢平地深八尺高陵松栢斯拔

吳主亮五鳳元年夏大水十一月星茀於斗牛二年大旱民饑

吳主休永安六年白燕見於慈湖

吳主皓寶鼎元年丹陽民宣騫母年八十偶浴化爲黿諸子閉戶守之掘堂上作坎實水其中黿入遊戲一二日延頸外望伺戶小開躍入遠潭

鳳凰三年自改年及是歲連大疫諸郡先時無水旱傷秋稼比不實饑

晉武帝太康二年淮南丹陽地震　四年十一月揚州大水　八年八月丹陽地震　九年正月會稽丹陽吳興地震　十年十二月己亥丹陽地震說與吳步騭同

惠帝元康五年六月荆揚等六州大水詔遣御史廵行賑貸十二月丹陽雨雹尋大雪　六年五月荆揚二州大水及八年九月又大水占以爲陰氣盛之應與漢惠

帝時說同

永康元年熒惑入南斗占曰有兵斗爲吳分明年石氷

反

永興元年熒惑犯歲又入南斗是年丹陽內史朱逵家

犬生三子皆無頭後逵爲揚州刺史曹武所殺

懷帝永嘉三年塡星久守南斗夏大旱江竭可涉次年

四月江東大水　六年秋七月歲星熒惑太白塡星聚

於斗

元帝大興元年七月太白犯南斗十一月壬子乙卯雷

震暴雨是歲以揚州連年大旱江東三郡饑遣使賑給

三年四月庚寅丹陽地震五月揚州江西諸郡蝗六

月大水
永昌元年閏十二月丹陽旱川谷俱竭民多疫死者
二年三月隕霜殺草四月王敦下鎮姑孰百姓訛言行
蟲食人大孔數日入腹入腹則死治之有方當得白犬
膽爲藥又云始在外時爲燒鐵灼之於是翕然被燒灼
者十七八白犬暴貴至相請奪價十倍是年五月丹陽
大水
明帝太寧元年五月丹陽宣城大水　三年三月丁丑
雨雪十一月朔日食在昴至斗牛自春不雨至於六月
初周筵於姑孰立屋五間而六梁一時躍出墮地橫
獨立柱頭零節之上甚危雖以人功不能說謂此金沴

木也明年遇害覆族

成帝咸和元年十月辛卯宣城春穀縣山崩獲石鼎重十二斤受斛餘　四年七月丹陽宣城大水十二月丹陽震電

咸康元年二月揚州諸郡饑遣使賑給三月熒惑守南斗連旬時陶回折王導謂丹陽尹桓景諂巧而導昵之不能致退舍應也　八年九月春穀縣留娃得玉鼎一外圍四寸豫州刺史路永獻之著作郎曹毘上玉鼎頌

康帝建元元年五月旱八月大雪

穆帝永和元年二月春穀民得金勝一枚長五寸狀如織勝三月廬江太守路永奏於春穀城北見水岸邊有

紫赤光取得金狀如印遣主簿李邁表送　九年二月

乙巳月入南斗犯第三星　十一年四月朔壬申隕霜

乙未地震五月地又震

哀帝興寧元年四月揚州地震　三年七月庚戌月犯

南斗

帝奕太和六年六月大水丹陽諸邑稻稼蕩沒

孝武帝太元六年大水江東大饑　九年四月陽穀獻

白兎

咸寧四年豫荆揚郡國皆螟

安帝隆安五年正月太白自去年十二月在斗晝見至

於是月夏秋大旱

元興元年無麥禾大饑秋冬不雨泉水涸明年六月不雨甲辰月奄南斗第四星冬又旱說以爲陵僭憂愁兵革煩興之應

義熙二年二月太白犯南斗八月癸亥熒惑犯南斗　四年三月丹陽淮南地生毛　六年劉毅追盧循發姑孰大風拔木毅敗績坐貶　十年九月旱十二月又旱井竇多竭

宋文帝元嘉三年三吳大水詔以丹陽郡米穀數十萬斛賜遭水人　四年丹陽旱　八年揚州諸郡旱六月丁亥繁昌獻白兎　十二年六月丹陽淮南大水邑里乘船　二十年水旱傷稼民大饑遣使開倉賑濟給[illegible]

糧種明年南豫州等並禁酒　二十一年六月連雨水
二十三年木連理生淮南當塗揚州刺史始興王濬
以聞　二十四年六月丹陽大水疫癘遣使行郡縣給
以醫藥　二十五年二月己丑白麞見淮南太守王休
獲以獻

孝武帝孝建初平逆劭曲赦京邑二百里內并蠲今年
租稅　二年正月庚戌白兔見淮南太守申坦以聞五
月乙未十月甲辰熒惑再入南斗　三年十二月填星
熒惑辰星合於南斗

大明二年丹陽白鹿見　五年十二月戊寅淮南松木
連理南豫州刺史尋陽王子房以聞　七年十一月癸

巳巡幸梁山白鵲二集於華蓋有司奏改大明七年爲

神爵元年不許南豫州所經詳減今年田租　八年正

月月入南斗魁中掩第二星二月犯第四星三月犯第

三星占曰大人有憂丹陽當之大饑米升百餘錢人死

枕藉於道

明帝泰始二年五月甲寅豬圻獲石栢長三尺二寸廣

三尺五寸揚州刺史以獻七月戊子白雀見虎檻洲戊

午嘉瓜生南豫州刺史山陽王休祐以聞巳未又獻蓮

二花一蔕又豬圻城南得紫玉一段圍三尺二寸長一

尺厚七寸攻爲二爵以獻文武二廟　六年八月壬辰

熒惑犯南斗　初建安王休仁統軍豬圻製烏紗帽反

抽帽於時翕然相尚亦服妖也占以爲危亟致禍之兆

順帝昇明元年八月庚申月入南斗犯第三星九月乙未夜白虹見東方

齊高帝建元元年九月甘露降淮南郡桃石榴二樹

二年五月庚戌七月己巳月入南斗者再是歲丹陽吳二郡夏大水

武帝永明元年夏丹陽大水九月乙酉太白犯南斗第三星壬辰太白熒惑合同在斗度　四年丹陽縣獲白兎　五年二月乙亥三月丁亥熒惑塡再合於南斗度南豫州刺史建安王子眞獻金色魚一　秋七月詔貸丹陽屬建元四年以來至永明三年所逋田租　十年五

月己巳月掩南斗第三星次年五月以水旱成災穀稼傷敝凡三調逋租申至秋登京師二縣朱方姑孰可權斷酒

東昏侯永元二年二月甲子八月戊申月犯南斗第三星者再（案東昏紀止三年而舊志連數至十一年元字疑明字之誤仍存以備考）

梁武帝天監元年江東大旱米斗五千民多饑死八月壬寅熒惑守南斗　三年六年三月並隕霜殺草七年大水七月雨至十月乃霽

普通元年七月江溢二年三月大雪平地三尺

中大通四年十一月熒惑入南斗十餘日出逆行復入六十日去　六年五月己亥熒惑逆行掩南斗魁第二

星　大同九年閏正月地震生毛

太清元年丹陽有莫氏妻生男眼在頂上大如兩歲兒墜地而言是旱疫鬼不得住母謂當令我得過疫鬼曰有上官何得自由迺教母如不服作絳帽以絳繫髮當無憂自是旱疫者二年莫氏鄉鄰多以絳免他土效之無驗

元帝承聖元年淮南有野象數百壞人廬舍

陳宣帝大建十年八月隕霜殺稻菽　十一年八月辛巳熒惑犯南斗六年春夏旱十一月詔丹陽吳興等十郡即年田稅並各原半丁租半申至來歲秋登　十四年七月江水赤自建康至荆州色如血

後主叔寶至德二年采湘州木擬造正寢栰至牛渚磯
盡沒水中既而漁人見栰浮於海上

隋煬帝大業九年五月丁丑熒惑逆行入南斗色赤如
血如三斗器光芒長七八尺於斗中勾己而行　十三
年自淮及江東西數百里絶水無魚

唐高祖武德六年十二月壬寅朔日有食之在南斗十
九度吳分也

太宗貞觀二年駢竹生當塗崔姓家觀察使崔準以聞

八年七月江淮大水

高宗永徽元年六月山水暴出漂廬舍宣歙諸州大雨
水溺死者數百人

總章元年江淮旱

中宗嗣聖九年（武曌改元如意）五月禁屠殺採捕時江淮旱饑民不得捕魚蝦餓死甚衆

元宗開元二十七年七月辛丑熒惑犯南斗

肅宗上元二年江淮大饑

代宗大歷七年二月江水溢　十年歲星熒惑合於南斗占曰饑旱吳越分也　十三年十二月太白歲星皆入南斗魁中

德宗貞元二年魚鼈蔽江而下皆無首五月江溢　八年七月江淮大水害稼溺死人漂沒城郭廬舍八月遣官宣撫　十七年宣州南陵縣丞李嶷死已殯三十日

而蘇　十九年三月熒惑入南斗色如血斗吳越分如血旱祥也

順宗永貞元年秋江浙旱

憲宗元和三年江南旱次年秋又旱　九年七月太白入南斗至十月出熒惑入南斗中因留犯之南斗天廟斗第六星宣州大水害稼　十三年熒惑入南斗因逆留至於七月在南斗中大如五升器色赤而怒乃東行非常也

穆宗長慶二年二月甲戌熒惑合於南斗占曰饑旱是年江淮饑　三年三月江南宣歙旱遣使宣撫理繫囚察官吏

敬宗寶歷元年宣州大旱傷稼

文宗太和四年宣歙諸州大水害稼官出米賑之　七年和宣等州復大水害稼　八年夏江淮大旱是歲月入南斗者五

開成四年正月丁巳熒惑太白辰聚於南斗夏江溢大水害稼

武宗會昌元年七月江南大水　三年春寒大雪江東尤甚民有凍死者　四年十月癸未太白與熒惑合遂入南斗　七年夏江淮大水

宣宗大中九年七月罷宣歙浙西兩浙冬至元日常貢代下戶租稅

懿宗咸通九年江淮旱蝗　十年宣歙兩浙疫

僖宗乾符五年有星隕宣州庭觀察使王凝尋卒

中和四年江南大旱饑人相食

南唐昇元三年二月甲午月犯南斗第三星夏四月熒惑犯月

保大十一年井泉涸民饑疫死者過半

宋太祖開寶元年六月大雨水江河汎溢壞民田廬舍

太宗太平興國四年州大饑　七年五月蕪湖縣雨雹傷稼　八年六月江水溺死者衆九月颶風拔木壞廨宇千八十七區

雍熙二年三月江南民饑許渡江自占四月遣使賑給

眞宗咸平二年五月甘露降於州秋旱賑之

景德元年閏九月庚戌熒惑犯南斗旱遣使決獄訪民疾苦祠境內山川

大中祥符三年秋七月江左旱蝗命張詠安撫十州

四年六月大水給民占城稻種擇田高仰者蒔之次年旱復給占城種分教民殖　七年八月除江淮兩浙被災民租

天禧元年陝西江淮南蝗並言自死遣使安撫江淮民饑　四年二月至十二月月犯南斗者二入掩者三太白犯南斗者再歲稔

仁宗天聖四年六月大水肆赦蠲租撫流民

明道元年江東饑明年發運使以上供米百萬斛賑之安撫使范仲淹還擷饑民所食烏昧草以進冬十月癸巳十一月癸亥太白犯南斗者再

皇祐三年八月遣使安撫江淮南饑次年蠲江南路民所貸種糧十萬斛　五年八月乙巳熒惑犯南斗

嘉祐元年五月江溢　六年七月江南東西霪雨爲災

神宗熙寧六年十月賑江淮饑

哲宗紹聖三年五月八月九月月犯南斗者三江東大旱溪河涸竭

徽宗建中靖國元年江淮兩浙旱

大觀三年江淮荆浙旱

政和三年江東旱　五年六月江寧太平宣三州水

六年有木連理上之

重和元年六月詔監司督責州縣還集流民九月閏遣

廉訪使者六人賑濟東南諸路水災

宣和三年正月戊申熒惑犯南斗丙辰又入之十一月

水災

高宗建炎二年水　三年十一月大旱　四年九月壬

戊熒惑與歲星合於斗

紹興二年五月甌太平州被賊之家夏稅賊詳是年至

三年月入南斗魁中者三　四年熒惑犯南斗　五年

江東西羊大疫　六年正月丁亥熒惑與塡合於斗

七年二月丙申州大火燬官舍民廬三月蠲逋賦及下戶身丁錢六月旱　次年二月丁酉復火三月積雨至於四月傷蠶麥害稼　九年十年洊饑人食草木　十二年二月辛巳太平蕪湖鎮江池州同日火　十三年六月賑州被水民　十八年夏江東淮南旱　二十三年夏大水自宣州流汎溢至於州諸圩盡沒　二十四年冬丹陽湖螭龍穿岸而出石臼湖氷合一螭自中出繞丹陽湖有聲如雷　二十七年大水　二十九年秋旱十月有星聲如雷隕蕪湖柳家山

孝宗隆興元年江東大水悉蠲其租　二年二月乙酉熒惑與歲星合於斗夏大水浸城郭壞廬舍圩田軍壘

操舟行市者累日人溺死甚衆越月苦雨積陰水益甚

詔賑之并各官陳闕失七月熒惑犯南斗

乾道元年二月至九月月掩南斗者六是歲江東諸郡

皆饑　三年當塗縣宰韓琳行野勞農得雙岐之麥州

民俞文復獻一莖六穗者因建亭八月螟螣害稼賑之

五年五月庚午十月丁亥月入南斗者二明年五月

大水城市有深丈餘者民廬田稼漂溢大饑人多流徙

放免被水人户身丁錢　七年三月旱賑之　八年常

平倉池産雙白蓮州守胡元質以聞　九年五月水漂

民居壞圩湮田禾石流民多渡江

淳熙二年石榴一本五苞生郡圃中石孝友作五榴頌

以獻是歲江東饑　四年十二月辛巳蠲太平州民貸常平倉錢米　五年江東西旱　六年秋水壞圩田明年江浙荊湘淮郡皆饑　八年五月己卯熒惑入南斗六月庚戌又犯之是歲以江浙水旱相繼發廩蠲租遣使按視民有流入江北者命所在賑業　九年正月庚寅詔旱傷州縣貸民稻種計度不足者貸以樁積錢八月蝗壬子定諸州捕蝗罰　十一年五月大霖雨水禁諸州遏糴　十六年秋州產異麻合數榦爲一狀如芝州守洪邁作頌以紀

光宗紹熙三年水八月賑江東被傷貧民

寧宗嘉泰元年旱賑之仍蠲其賦時州民獻瑞麥有岐

而兩者有岐而四者年未詳

開禧元年旱賑之

嘉定元年五月大蝗旱饑明年四月又蝗旱大饑米斗錢數千人食草木詔七歲以下男女聽異姓收養著爲令轉運使給諸州民麥種募民以賑饑免役九月己酉熒惑犯南斗　四年八月熒惑犯南斗　六年夏雨雹秋旱尤甚　八年江東西旱蝗詔諭民雜種粟麥麻豆有司毋收其賦田主毋責其租七月發米三十萬石賑糶江東饑民蠲今年秋稅　十一年江東饑饉亡麥苗　十六年五月無麥饑冬十一月辛亥以太平州大水賑卹之

理宗紹定元年秋七月戊戌熒惑犯南斗

端平元年正月太白熒惑合在斗五月太平州螟蝗

嘉熙元年十二月朔日食將既日與金木水火四星俱

纏斗　三年八月癸亥熒惑太白合於斗　四年六月

大旱飛蝗爲孽

淳祐六年九月甲子流星出斗宿尾跡青白照地如太

白

開慶元年蠲太平寧池等州沙田租

景定元年五月壬午熒惑犯斗　五年五月丁卯十月

丙午月犯斗者再

度宗咸淳六年大旱　七月江東大饑詔賑本州避難

貧民　九年江南平地生白毛沿江制置所轄四郡夏
秋旱澇免屯租田
恭帝德祐元年八月戊午熒惑犯南斗江東饑疫
元世祖至元十七年冬大饑　二十年四月壬寅太陰
犯南斗七月癸亥又犯　二十五年九月癸卯熒惑犯
南斗　二十八年溧陽太平廣德等五路饑賑之　二
十九年五月鎮江寧國太平等七路大水免田租六月
仍賑諸路民艱食者
成宗元貞元年太平路蕪湖縣進榆木有文曰天下太
平　五月當塗縣水　二年六月太平及諸路蝗民饑
發粟賑之

大德二年正月水夏四月蝗　四年二月寧國太平兩路旱以糧二萬石賑　六年六月賑廣德太平婺州寧國諸路饑

泰定帝三年建康太平池州諸路水民饑並賑之　四年揚州太平常州等路屬縣饑賑糧鈔有差

致和元年三月太平當塗縣楊太妻吳氏一產三男

文宗天歷元年八月江浙行省管九路府水沒民田萬四千餘頃　二年詔賑池州寧國太平等路縣饑民

至順元年廣德太平集慶等路饑分賑糧鈔并勸富民輸粟補官

順帝元統元年熒惑入南斗留五十餘日　二年熒惑

入南斗

明高帝吳元年賜太平田租二年

洪武元年免太平寧國滁和等被災田租　四年免太平租六年又免太平寧國廣德等租　八年秋八月旱免太平府田租十二月太平寧國等俱水　十年夏大水免田租明年仍免秋糧　十四年免田租　二十六年四月太白經天大旱　二十八年免應天太平等五府秋糧

章帝宣德元年五月蕪湖久雨江溢渰民田一百五十八頃有奇　九年自春至秋大旱江湖涸竭麥禾不收民無粒食剝榆皮爲麪啖之又疫癘並興道殣相望

睿帝正統十四年七月熒惑入南斗久不退舍
景帝景泰七年九月應天及太平七府蝗
純帝成化六年以水災免當塗蕪湖糧稅
敬帝弘治十四年八月安寧池太四府大水蛟出漂流房屋　十六年十七年連旱大歉
毅帝正德二年二月地震有聲房屋動搖者移刻　四年八月內晚有天火一塊自西北東流忽散作三段天鼓隨之歲大旱　五年洪水氾溢漂沒民居自夏之秋水方退　八年麥秋至忽紅黃沙傷其根粒隨敗人不得食　十年沙殺麥如八年　十二年水火凶荒　十四年六月乙丑五鼓雲赤明如旦雨如注羣蛟橫出湧

水壞民居甚衆至秋未退稻皆不登死者載道　十五
年春夏疫癘大作秋頗稔繁昌有野鶩羣飛蔽空而下
啄食田穀幾半
肅宗嘉靖二年二三四月大旱溪河涸耕者束手知府
傅鑰虔禱五月五日大雨連注然栽蒔過時農無半穫
次年大饑人相食　八年大水以災奏免糧十之三
九年舊水不退春雨連綿田疇成湖麥禾無收奏免田
租之半　十二年當塗民婦一產三男一女　十四年
大旱蝗飛蔽天　十六年大水　十八年大水漂没民
居　二十一年八月丁酉熒惑掩南斗杓白日無雲而
雷火光燭地山雉悉鳴移刻乃息　二十三年春大饑

斗米三錢六月熒惑犯南斗 二十六年七月蕪湖黑龍見蟂磯下水暴漲二丈許忽涸見底疑即蟂之騶張出沒也 二十八年大旱米價騰貴民有奪葱療饑赤及嘗復為人奪者 三十三年六月彗星見北斗天權星傍倭寇犯江南

顯帝萬歷五年彗星見斗牛間尾長數丈占曰吳越水已而七年八年俱大水 十三年二月地震房屋搖動十五年大水平地深丈餘自去年連患水圩鄉盡沒十六年大饑死者相枕藉 十七年旱當塗民有發窖金者獻之守令皆却之以為公輸見前山川學校志 三十一年四月溝澗中水無故沸騰如鬥者盆盎亦然江南數

百里如是　三十六年大水羣蛟齊發江漲丈餘衝決圩岸漂民居當塗至蕪湖無復陸路禾麥不收民以樹皮草根爲食（明史志作三十五年）　四十年水　四十一年大水渰沒當塗官圩繁昌被害尤甚　四十二年五月江漲陡發木栅自魯港浮至鷺洲橫射河干值岸岸崩壘雲之氣隨之徑刷浮橋而去聲如峽坼　四十四年二月大雪彌月山獸至平原人手搏之夏大蝗　四十五年蝗尚爲災知府胡爾愷令捕之每里納數石如數受賞患乃息是年江北田鼠渡江而南水中每羣千計彼此相負至岸乃散月餘方止穴處食苗　四十六年蚩尤之旗朝見東方本有小星末縱廣而曲約長三四十丈光

芒燭天夏有長星見亦三四十丈並月餘始沒　四十八年八月後即泰昌元年春陰雨三月不散二月夜有鳥飛鳴如一串馬鈴聲甚哀遍城郡無不聞者人以為九頭鳥或集梵刹大樹三月乃去八月十二日地震有聲如雷

萬歷間榮昌郝思俊家有雌雞壯大異於常雞抱雛八年不出囊怪而殺之燖羽見脅下二大包剖之左脅包內鸞一隻右包鳳一隻五色絢爛儼同繪畫家婢啖其雛立斃

哲帝天啟元年大雪自去年十二月十五日至正月末旬始霽雪深六七尺野獸多餓死者　三年春民間產子眼鼻俱在腦後畧具人形無下體又有產物若鷄狀

無羽毛倏化爲血六月有神降於郡東郊附民體多言人陰事閏十一月壬辰夜有火龍墜院側巷動盪長丈餘光閃爍入民居卽小若蜈蚣頭兩角光微紫衆駭送入水中嗣則城中火災四發十二月丁未申酉間地大震從西北來虩虩有聲屋宇皆鳴墻垣有傾倒地有拆縫者　四年民彭姓家鐵鷄生卵十數枚字之半月六月大水七月賑之　六年繁昌縣治火妖衣笥書篋空房隙地不薪而燄延燒數家　七年正月大雪十日雪時忽大雷電五月熒惑入南斗形成勾已留守六十餘日而後去

端帝崇禎三年五月壬辰蕪湖東門外雨毛方里許其

毛成叢如腐物上所生者九月癸卯申時天鼓鳴夜有大星自西南流於東北火光燭人踰時乃滅　六年九月辛卯申時有四天馬白色後隨小駒一銀褐色由横山騰空自東北向西南越丹陽湖而去丁未大風異常飄瓦折樹人不能立先是旱兩月禾就槁及既雨晚禾薄存至是盡爲風所隕無遺粒歲以大饑　七年夏紅毛鼠從江北渡江南不可數計嚙損田禾青山更甚殺之無骨與腸胃但皮裹青草或入人室卽被鼠轉瘡之　八年繁昌西南隅龍從鵲江起氷雹驟集自西而東過獅子山麓池水盡涸大風伐木籔歷半空旋落　九年四月辛卯未刻天鼓鳴自西南方來良久往東北去

樹戶銅鐶皆動似地震然六月丙子有星大如斗色赤
芒耀約十丈自西南流於東聲如雷　十一年大疫又
患羊毛疹其病先類傷寒身熱三日出瘤疹脹甚投以
藥皆死有媪得挑法鍼刺中指中節間出紫血少許去
羊毛一莖隨愈未幾老媪死江淮吳楚千里間水旱不
一蝗害羣飛蔽天盈地即有尺集樹則拱把以下皆折
十二年蕪湖白燕生於民家　十三年大水復蝗九
月甲午夜地震有聲從東至北　十四年旱蝗大饑兼
以疫道殣相望又南禪寺殿火光烈百里大鐘飛起鏗
然空中者久之漁人聞其東南去也　十六年冬至前
一日氣蒸如初夏雷電交作乍雨如注　十七年六月

一夜隕火十餘處照耀如白晝明年城被屠公署民居焚燒過半

案七曜之淩犯掩入郎史亦繁不勝舉今畧存舊志所採兼稍及於時地者紀之以補星野所未詳徵驗之說非敢傅會以言天而事應之端亦可藉稽於鑒往至若居餘爲妖閒亦附綴一二並以爲風俗人心好異者儆

國朝

世祖章皇帝順治二年奉

旨蠲免本年稅糧十分之三兵餉十分之四其明末無藝之徵並永除之是年六月大雨雹暴風拔城內大木　五年夏六月蕪湖泮池生瑞蓮　七年正月朔日食旣夾

日卽大雷雨一夜雨聲如吼虹見越六日不霽三月虎來采石鎭斃之　八年六月大雨水田半澇十月朔日食既移刻昏黑鷄犬驚號　九年二月望卯時地震其年大旱河水不流安徽諸屬奉准蠲免正賦改折漕糧並除耗米操撫李日芃請於鄰省糴米平糶每石減價之半　十年蕪湖天雨豆冬大雪深三尺木多凍死　十三年

詔蠲地畝人丁本折錢糧拖欠在民者十一月荻江江岸崩屋舍人民沉溺無算先是傳水有老蚌或夜出張半殼如篷往來甚駛時則江濤洶湧其珠光出没波間至是岸崩人疑蚌爲孽

聖祖仁皇帝康熙二年九月大水忽發城內外皆淹沒市民病涉禾已實而被浸者半　七年春當塗楊家田產麥秀有兩岐或三岐者六月地震蕩搖數刻方寧屢震後地中生毛引之出如抽絲可三尺許九月蕪湖江中木簰遺火延燒簰散滿江自江入河房屋竹木燬者即爇魯港蕪湖江口如火龍蜒蜿而入燒死民人數十貨物無算　八年十月庚辰辰時及申酉戌時大作雷電壬午酉戌時又雷電是時石礎大潤薺花榮桃李木芍藥俱華夜大風甲申嚴寒酉刻大雪十二月甲申復大雷電微雨天色赤明如夏夜雨霰　九年二月間繁昌潘村民家妖火為祟戲男女二形沿燒不止邑令聚弁東

據民潘天柱等請轉牒之城隍神乃止　十年自五月至七月不雨冬大雪歲饑奉免正賦十分之一二三不等漕糧改折外耗贈米俱奉

蠲免按籍分賑　十二年地生毛如白髮長者盈尺山有黑蟲食松葉如火灼半死久而復甦　十八年夏大旱奉

蠲被災田畝八九十分以至五六分荒者稅糧銀米豆各有差　二十年十二月奉

恩詔兵革寢息人民乂安免歷年地丁民欠　二十三年大水圩岸崩壞十之三田禾淹沒九月奉

旨江南自用兵以來供億煩苦宜加恩䘏二十四年所運漕

米着免十分之三丹陽湖二龍起相鬥至吳家潭倏一龍距地不數尺許色正白光閃爍鱗甲俱可數寒氣噤人腥不可當俄復起空中附近民屋有吸去四五十里墜常稔圩者　二十六年螟　二十七年十月奉

旨安徽所屬各郡縣二十八年應徵地丁各項錢糧俱著蠲免及本年正月又奉准免正糧外積欠一應地丁屯糧蘆課米麥豆雜稅槩行豁除　三十年當塗民謠言相驚或見如燐者或見黑物如犬附地去者四鄉置兵守望數月方息自二十六年至是縣連歲螟或竟畝不鐮南境爲甚　三十二年夏旱

蠲免漕糧三分之一　四十一年奉

詔安徽所屬府州縣衛四十二年分地丁錢糧除漕項外
盡行蠲免　四十三年四月
蠲免江安二屬黃快鋏丁銀　四十五年麥有秋當塗
縣民王大福諸生黃孫恒芮望友先後呈產瑞麥　四
十六年夏大旱蕪湖禱有應雨霈田禾起枯爲穎茂
四十七年夏大水官圩及各圩田皆被浸秋復大水無
禾先奉文發倉穀賑濟十月特奉
諭旨四十八年除漕糧外江南通省全免地丁銀四百七十
五萬四百兩有奇　四十八年四月又奉准與潛山宿
松宣城銅陵和州無爲等十八州縣上年秋災銀米豆
免各有差是夏蕪湖大疫死者枕藉於路　五十一年

十月奉

旨江寧安徽各撫屬五十二年應徵地畝人丁銀察明全免

蕪湖江夫河篷門攤商稅餘欠銀五十三年并免徵

五十五年旱奉准與安徽寧池等七府屬被災州縣衛

銀米豆麥免以差并照例動支常平倉糧散賑　五十

八年五月十九日夜忽雷雹交作大雨如注横望山東

西共發蛟四十餘處田禾民屋橋梁淹沒傾圮者不計

數

世宗憲皇帝雍正四年蕪湖繁昌水九月與望江無爲銅陵

黟縣宣城貴池等被災州縣奉

蠲銀米有差十二月又將設厰煑賑所有應還倉捐各

項暫停催徵　七年八月

勅免安徽等屬八年地丁銀四十萬兩　八年奉准動支常平倉米核實賑給外來就食災民幷動存公銀兩賞給路費咨送回籍　十三年九月初三日

皇上登極恩詔覃敷察查各所屬丁地逋徵一例免追釋繫責十月漕項蘆課及學租雜稅等銀俱奉豁免十一月奉

上諭太平府蕪湖縣有雜泒江夫河篷錢糧歲徵銀二千三百零四兩即行寛免永著爲例

乾隆元年

恩奉豁免當塗縣網戸辦納貢獻鰣魚折價銀兩著爲永

例　三年秋大旱　四年奉

旨以三年江安歲歉尤甚撫屬丁地免銀六十萬兩

二年安省輪奉

恩蠲除漕項外縣衛丁地錢糧通行蠲免府屬建亭恭紀

十六年奉

上諭蠲免安屬自元年至十三年以前丁地　逋欠銀三

十萬兩

[藏書印]

太平府志卷三十二終

【康熙】蕪湖縣志

(清)馬汝驍修　(清)葛天策等纂

抄本

祥異

晋咸康八年九月春穀縣晋珪得玉璽一外圍四寸豫州刺史路永獻之著作郎曹毗上玉璽頌

永和元年三月廬江太守路永於春穀城北得金狀如印遣主簿李邁表送

泰和三年四月陽穀獻白兎

永嘉三年大旱江竭可涉
咸和元年十月春穀縣山岸崩獲石鼎一重二
觔
太始二年八月戊午嘉瓜生於南豫州刺史山
陽王休祐以獻
八月於赭圻城南得紫玉一段圍三尺二寸長
一尺厚一尺二寸攻爲璧以獻武文二廟
宋紹興二十四年四月丹陽湖蠏龍穿岸而出冬
石白湖氷合一蠏自湖中徙丹陽聲如霆震二

十九年十月有星自西南隕蕪湖東栁家山有聲如雷其光燭天民走視之一石高二尺色青黑如鐵恐惑衆投之水中

元貞元年間邑人取榆木一株解之有文曰天下太平

明嘉靖二十六年七月有黑龍見鳩磯山下水暴漲二丈許忽涸見底疑即蟂也

萬曆三十六年戊申大水圩岸衝决廬舍傾毀舟行陸地河魚遊入市廛父老云二百餘年未

有之災

天啟七年城東門外虎見三日去

崇禎十一年庚申飛蝗蔽天

崇禎十二年己卯白燕生於民家

崇禎十四年辛巳大疫

國朝順治五年戊子泮池生瑞蓮

順治十年癸巳天雨豆

順治十七年己亥地生毛先儒云民勞之應

【民國】蕪湖縣志

余誼密修　鮑寔纂

民國八年(1919)石印本

雜識

祥異

晉

永嘉三年大旱江竭可涉

咸和元年十月春穀縣山崩獲石鼎一重二斤受斛餘

咸康八年九月春穀縣晉瑾得玉鼎一外圍四寸豫州刺史路承獻之著作郎曹毗上玉鼎頌按咸和咸康皆晉成帝年號時蕪湖屬丹陽郡春穀屬宣城郡兩不相涉中歷六七十年至安帝義熙復僑省陽穀入蕪湖陽穀即春穀之改名也焉得以先時春穀之物異爲蕪禨祥乎舊志誤

永和元年三月廬江太守路永泰於春穀城北得金狀如印遣主簿李邁表送按永和係晉穆帝年號距義熙亦六十餘年誤與前同

宋

泰始二年八月戊午嘉瓜生南豫州刺史山陽王休祐以獻請圻城南得紫玉一段圍三尺二寸長一尺厚一尺二寸攻為璧以獻文武二廟按宋書地理志武帝永初二年分淮東為南豫州治歷陽通考云領郡十三文帝元嘉七年割揚州之淮南宣城屬焉徙治姑孰孝武大明六年以淮南併宣城主八年復立淮南郡屬南豫州明帝泰始二年以淮南宣城還屬揚州南豫州還治歷陽四年又以揚州之淮南宣城為南豫州治宣城蓋晉宋之際州郡析置不常多不可以臆斷而泰始二年蕪湖時為襄垣實為淮南郡之屬邑淮南還屬揚州南豫州還治歷陽蕪之嘉瓜非南豫州所得與聞也至請圻城乃晉桓溫所築係當塗地其得玉亦不可為蕪事

唐

太和八年春穀獻白兔按唐時揚州所屬州四十一縣二百有九無春穀名

宋

太平興國七年五月蕪湖縣雨雹傷稼

紹興十二年二月辛卯太平蕪湖鎮江池州同日火按通考載二月辛巳鎮江府火是日太平池州及蕪湖縣火皆燔民廬此云辛卯小有異二十九年十月流星自西南隕蕪湖東柳家山有聲如雷其光燭天民走視之一石高二尺色

青黑如鐵邑令趙不忞恐戚家救之水

乾道六年冬寧國府廣德軍太平和州皆饑

淳熙八年冬行都寧國建康府嚴婺太平州廣德軍饑徽饒郡流徙入淮郡者萬餘人

嘉定八年江浙淮閩皆旱太平建康寧國等爲甚

元

元貞元年蕪湖榆木有文曰天下太平是年五月鎮江建康太平皆水二年六月太平及諸路大蝗民饑

大德元年八月池州南康寧國太平水四年寧國太平兩路旱

泰定四年太平路大饑

天曆元年八月池州太平廣德九郡水沒民田萬四千餘頃

明

宣德元年五月蕪湖大雨江溢渰民田一百五十八頃有奇

嘉靖二十六年七月有黑龍見螃磯山下水暴漲二丈忽涸見底三十六年大水犀蛟齊發江漲丈餘圩岸衝決民居漂沒由當塗至蕪湖陸路無復存者舟行屋上禾麥不收民斸草根樹皮以食

萬曆三十六年戊申大水圩岸衝決廬舍傾毀舟行陸地河魚游入市屋四十二年五月江漲陡發有木捆自魯港浮至鼈洲橫射河干值岸岸崩壘雲之氣隨之極剛浮橋而去聲如峽坼

天啟七年東門外虎見三日去

崇禎十一年庚申飛蝗蔽天十二年己卯白燕生於民家十四年辛巳大疫

清

順治五年泮池生瑞蓮九年大旱河水不流十年天雨豆十七年地生毛

康熙七年九月蕪湖江中木簰遺火延燒簰散滿江自江入河如火龍蜒蜿觸者即熱十年夏大旱久不雨虔禱無應歲饑三十二年夏旱四十六年夏大旱禱有應雨沛田禾起枯爲穎茂四十七年夏大水秋復有災四十八年大疫死者枕籍於路五十五年旱

雍正四年災

乾隆二十年水災二十二年邑民夏某女年及笄忽化爲男二十九年邑被水災三十一年三十二年三十四年俱水災四十年夏秋大旱四十三年水災五十年大旱五十三年被水成災五十四年十二月十八日夜大雷雨五十七年泮池生瑞蓮五十八年夏秋水溢田禾閒被淹沒

嘉慶五年七年兩年雨水過多圩埂閒被衝決田禾傷損居半九年夏雨連旬江潮泛溢田禾淹沒甚多

道光三年十三年二十八年均大水破圩二十九年大水圩破盡平地水

深丈餘人由南門城頭上船米價騰貴民多餓死

咸豐六年旱蝗蔽天日

同治七年山水沖破西南鄉圩隄八年江水陡漲破圩

光緒三年蝗蔽天日四年大火延燒二千餘家八年江潮大漲破麻浦圩

二十四年三月荊山一帶雨雹大如雞卵田中菜禾麥俱遭傷殘二十

七年大水破圩二十八年夏瘟疫大行患者吐瀉肌肉立消俗稱鬼偷

肉亦名癟螺痧

宣統二年除夕大雨雷電交作三年大水圩隄沖破殆盡

民國六年四月雨雹大如胡桃玻璃屋瓦損壞無算